W0335801

Martin Rütter

DER HUNDE PROFI 2

KOSMOS

INHALT

Hallo liebe Hundefreunde,

kaum zu glauben aber wahr. Nun sind bereits 36 Folgen unserer Serie „Der Hundeprofi“ für VOX gedreht worden. Die Serie erfreut sich solch großer Beliebtheit, dass es im Laufe der Zeit immer mehr Zuschauer wurden. Viele positive Zuschriften habe ich erhalten, für die ich mich hier einmal bedanken möchte.

Als wir das erste Begleitbuch zur Serie veröffentlichten, haben wir zunächst gedacht, dass es bei diesem einmaligen Projekt bleiben würde. Aber schon damals waren es ja Sie, die Zuschauer der Sendung, die mich mit zahlreichen Mails dazu brachten, das erste Buch zur Serie zu schreiben. Ich habe Sie vielleicht unterschätzt, denn auch dieses Mal haben wieder so viele Menschen den Wunsch geäußert, noch mehr über die Fälle zu erfahren, so dass wir gar nicht anders konnten als diese Fortsetzung zu schreiben.

Auch „Der Hundeprofi 2“ ist ein buntes Gemisch aus unterschiedlichen Problemfällen geworden. In aller Regel betreue ich bzw. mein Team die Fälle ca. drei bis fünf Monate, und wir können in der Sendung leider nicht alles zeigen, was trainiert wurde. Genau hier setzt das Buch an. Wir haben ganz bewusst viele Dinge aus dem „Nähkästchen“ ausgeplaudert, die leider während der TV-Ausstrahlung zu kurz kamen. Viele Extra-Seiten steigen noch einmal tiefer ins Thema ein und geben Ihnen Anleitung, wie Sie z. B. mit unsicheren Hunden umgehen können, was Sie bei der Haltung von zwei Hunden beachten sollten, oder warum Hunde so gern auf die Jagd gehen.

Auch war es mir im Zusammenhang mit dem Fall „Sam – auf Bewährungsprobe“ wichtig, noch einmal ausführlicher auf die Anschaffung von Hunden einzugehen. Denn vielleicht spielen Sie erst mit dem Gedanken, sich einen Hund ins Haus zu holen. Ihnen möchte ich ein paar Tipps geben, damit das Zusammenleben glücklich beginnt. Denn Hund ist nicht gleich Hund. Und eines ist klar: So ein vierbeiniges Familienmitglied kann den Alltag ganz schön auf den Kopf stellen. Doch was wäre das Leben ohne einen Hund!?

In diesem Sinne wünsche ich Ihnen wieder viel Spaß beim Lesen und eine glückliche Zeit mit Ihren Hunden.

Herzlichst,

Charly – Was sich bewegt, wird attackiert

Vorgeschichte – Nachwuchs kündigt sich an

Elke Miebach lebt mit ihrem Sohn und dem fünfjährigen West-Highland-Rüden Charly mitten in Olpe. Besucht wird das dreiköpfige Rudel häufig von Frau Miebachs Tochter Sabrina und deren Mann Timo. Bisher verliefen die Besuche immer mehr oder weniger reibungslos, was das Zusammentreffen mit Charly anging. Seine kleineren Macken hatte man sozusagen kennen- und lieben gelernt. Alle Beteiligten arrangierten sich mit der Situation, dass Charly bewegliche Dinge attackiert, sei es den Staubsauger oder den Müllbeutel. Man wusste damit umzugehen bzw. hatte Besuch dementsprechend vorgewarnt, der mit Tüten die Wohnung betrat. Seit Juni letzten Jahres gibt es jedoch Familienzuwachs: Enkeltochter Celine. Und das Baby ist auch der Grund dafür, warum die Hilfe des Hundeprofis gesucht wurde. Jetzt sind sich alle Beteiligten nämlich nicht mehr so sicher, ob Charlys Macken nicht doch zu einem Problem werden könnten.

Problem – Angst um Enkeltochter Celine

Charly beißt mit Vorliebe in „sich bewegende" Objekte. Was beim Staubsauger und bei hinausgetragenen Mülltüten zwar nervig ist, hat beim Maxi-Cosi® einen ganz anderen Beigeschmack. Auf einmal wird die Gefahr sichtbar, die von dem kleinen Hund ausgehen könnte. Und spätestens seit Charly der Enkelin Celine beim Hochspringen die Socke ausgezogen hat, macht sich die gesamte Familie Sorgen, ob er beim nächsten Mal nicht auch ihren Fuß erwischen könnte. Denn die Beziehung zwischen dem kleinen Familienzuwachs und Charly soll auf keinen Fall gefährdet werden. Schließlich möchte Familie Miebach, dass sich Celine und Charly später einmal gut verstehen und mögen. Celine soll auf keinen Fall Angst vor Charly entwickeln, geschweige denn eine Verletzung von ihm davontragen. Also beschließt Familie Miebach, Martin Rütter um Rat zu fragen.

Martin Rütter zu Besuch

Natürlich muss sich Martin erst einmal ein Bild von der Situation machen. So wird ihm vorgeführt, wie sich Charly bei Staubsauger und Co gebärdet: Aus dem freundlich aussehenden Hund wird mit einem Mal ein scheinbar wild gewordener Fellbausch. Plastiktüten mit Pfandflaschen werden zerfetzt und nachhaltig attackiert, ebenso der Staubsauger. Charly beißt sich nicht fest, er attackiert kurz, nimmt dann wieder Abstand, um erneut zu attackieren. Das geht so lange, bis das Objekt, auf das sich die Attacken beziehen, wieder entfernt wird. Ähnlich sieht es beim Tragen des Maxi-Cosis® aus, und es stellt sich zu Recht die Frage, ob Charly seine Aggressionen lediglich auf die Babytrageschale richtet oder doch aus Eifersucht auf das neue Familienmitglied Celine. Um das herauszufinden, wird eine Puppe ins Maxi-Cosi® gesetzt und durch die Wohnung getragen. Charlys Verhalten bleibt unverändert. Er springt und schnappt danach! Eine Beruhigung insofern, dass Charly es offensichtlich nicht explizit auf Celine abgesehen hat.

Martin Rütter erklärt nach den Tests Charlys Verhalten.

1 Charly ist das seltsame Gerät ganz und gar nicht geheuer. Er hat die Ohren angelegt und steht in geduckter Haltung davor.

2 Angriff oder Rückzug? – Charly entscheidet sich erst einmal für Rückzug ...

3 ... und läuft im Bogen um den Staubsauger herum. Dabei wird das Gerät nicht aus den Augen gelassen.

4 Doch der Rückzug kippt plötzlich in Aggression um – Charly stellt sich dem Ungetüm ...

5 ... und geht zum Angriff über.

Analyse – Frust und Unsicherheit

Nicht nur in diesen Ausnahmesituationen, sondern auch sonst zeigt Charly ein großes Aggressionspotenzial in seinem Verhalten. Er verfolgt seine Menschen oder Besucher auf Schritt und Tritt und man muss aufpassen, dass man beim dynamischen Durch-die-Wohnung-Laufen nicht von ihm auf eher unangenehme Weise gebremst wird. Charly entgeht nichts und er ist zudem schnell genervt bzw. frustriert, wenn er Dinge wie Staubsauger und Müllbeutel nicht unter Kontrolle hat. Ihm fehlt die nötige Sicherheit im Umgang mit sich bewegendem Wohnungsinventar und die Ruhe, solche Situationen entspannt hinzunehmen. Sprich, seine Frustrationstoleranz reicht nicht aus und seine Reizschwelle muss deutlich erhöht werden. Warum Charly sich so verhält, hat mehrere Ursachen. Zum einen handelt es sich um einen Terrier, also einen agilen Jäger, dem es in den Genen steckt, auf Bewegungen zu reagieren. Zum anderen haben sicher auch Lernerfahrungen dazu beigetragen, dass er dieses Verhalten beibehalten und ritualisiert hat. Denn als er das erste Mal etwas attackiert hat, wurde ihm nicht deutlich genug vermittelt, dass dies auf keinen Fall erwünscht ist. Vermutlich hat man sich sogar ein bisschen amüsiert.

Immer wieder greift Charly den Staubsauger an. Diese vielen Wiederholungen tragen zur Analyse seines Verhaltens bei.

Tipp

Klare Ansagen an den Hund

Gerade bei jungen Hunden oder sogenannten Secondhandhunden, die erst bei ihren neuen Zweibeinern eingezogen sind, lassen viele Menschen relativ viel durchgehen. Einfach weil der Hund sehr niedlich bei solchen „Schandtaten" aussieht oder weil man das neue Rudelmitglied nicht gleich mit Verboten und Regeln abschrecken will. Häufig besteht auch noch der Irrglaube, dass man Hunden erst mit einem Jahr Dinge beibringen kann. Doch die Erziehung eines Hundes beginnt vom ersten Tag an, ob Welpe oder erwachsener Hund. Gerade klare Regeln und das Aufzeigen von gewissen Grenzen geben dem Hund Sicherheit, denn er weiß, was von ihm erwartet wird, welches Verhalten toleriert wird und welches nicht. Dementsprechend muss er auch nicht jeden Tag aufs Neue testen und ausprobieren, was erlaubt ist und was nicht. Tun Sie also sich und Ihrem Hund den Gefallen, von Anfang an lieber genau und konsequent zu sein. Sind Sie dann ein eingespieltes Team, kann man aufgestellte Regeln gern wieder etwas lockern. Andersherum ist der Weg deutlich schwieriger.

Training – In kleinen Schritten zu mehr Akzeptanz

Um Charly aus den beschriebenen ritualisierten Verhaltensweisen wieder herauszuholen bzw. um ihn in solchen Momenten ansprechen zu können, bedarf es einer für Charly großen Motivation. Bei ihm ist es Futter, andere Hunde sind für das Lieblingsspielzeug zu haben. Ganz egal, was es ist, es muss nur sehr wichtig für den Hund sein.

Operation „Staubsauger"

Charly darf sich also in nächster Zeit sein Futter verdienen, und zwar ausschließlich in den Trainingseinheiten. Das passiert auf eine ganz einfache Art und Weise: Zunächst soll er in der Wohnung nur auf seinen Namen reagieren, wenn er angesprochen wird. Tut er dies, fliegt ein Futterbröckchen auf den

Frau Miebach zeigt Charly das Futterstück und animiert ihn, es sich zu holen – trotz Anwesenheit des Staubsaugers im Hintergrund.

Charly traut sich an das Futter, ist aber merklich skeptisch und hält lieber Sicherheitsabstand zum Staubsauger.

Boden, das er sich erhaschen kann. Da dies relativ schnell und problemlos funktioniert, kann direkt zum eigentlichen Training übergegangen werden: das Üben am Objekt. Hierbei ist es sinnvoll, sich zuerst auf einen Auslöser des aggressiven Verhaltens zu konzentrieren, um eine Trainingsbasis zu schaffen. Hat man deutliche Fortschritte erzielt, kann das Training dann auf weitere Gegenstände ausgedehnt werden. So beugt man einer Überforderung vor und kann das Training perfekt gestalten. Als erstes Übungsobjekt für Charly wird der Staubsauger ausgewählt. Bereits das Erscheinen dieses Geräts löst bei ihm die Attacken aus. Deshalb wird der Staubsauger zuerst ins Wohnzimmer gestellt, bevor Charly ihn sehen kann. So kann das Training von

Nächster Schritt: Jetzt liegt das Futter sogar auf dem Staubsauger.

Info

Erarbeiten von Futter

Es gibt Hunde, die auf den ersten Blick weder für Spielzeug noch für Leckereien zu haben sind. In solch einem Fall muss man erst eine dementsprechende Motivation schaffen, und die heißt oft Futter. Nicht Leckerchen, sondern das ganz normale Futter! Das gibt es von nun an nicht einfach so im Napf, sondern muss bzw. darf vom Hund erarbeitet werden. Kooperiert der Hund mit seinem Menschen, gibt es für die gelösten Aufgaben Futter. Wenn nicht, bleibt der Magen auch einmal leer. Das geht natürlich nur bei ausgewachsenen und gesunden Hunden! Und selbstverständlich muss die Aufgabe zunächst so leicht gewählt werden, dass der Hund sie auch bewältigen kann. Würde ein Hund ohne Mencheneinfluss leben, hätte er auch mal Tage mit erfolgloser Jagd und leerem Magen, für die Hunde ist das in der Regel kein Problem.

der ersten Sekunde an gewährleistet werden. Denn ist Charly bereits in Rage, muss er sich erst wieder beruhigen, um für neue Lernerfahrungen aufnahmefähig zu sein.

Voller Bauch oder Attacke

Der Staubsauger steht also bereits im Raum, als Charly das Zimmer betritt. Sofort wird Charly angesprochen und bei Reaktion auf seinen Namen ein Futterstück in den Raum geworfen, weit weg vom Staubsauger. So muss sich Charly in Bruchteilen von Sekunden entscheiden: Staubsauger attackieren oder dem Futter hinterherlaufen. Jetzt wird auch deutlicher, warum Charly vorübergehend nur in diesen Trainingssituationen an Nahrung kommen soll. Denn wäre er bereits satt oder würde die Erfahrung sammeln, dass es die lebensnotwendige Nahrung erst nach dem Training gibt, dann würde seine Entscheidung eher Richtung Staubsaugerattacke gehen. Das geworfene Futter wäre dann nämlich nicht wichtig genug. Man hätte so keine angemessene Motivation mehr für ihn. Im Folgenden macht Charly die Erfahrung, dass er seinen Magen nur füllen kann, wenn er sich für das Futter entscheidet. Attackiert er den Staubsauger, folgt eine längere Trainingspause, bevor Frau Miebach es wieder probiert. Charly lernt also, dass sein Verhalten Konsequenzen für ihn hat. Welche, das kann er selbst beeinflussen. Und nachdem der Magen ein paarmal nicht ganz so voll wurde, erhöht sich seine Motivation, sich für die Futtervariante zu entscheiden. Je mehr Charly die Anwesenheit des Staubsaugers toleriert, desto schwieriger werden die Aufgaben. Ist das Futter anfangs weit weg vom Staubsauger gelandet, nähert man sich mit der Zeit immer mehr an das Haushaltsgerät an. So wird Charly jedes Mal wieder vor die Entscheidung gestellt, ob er attackieren oder sich den Bauch vollschlagen soll.

Staubsauger in Bewegung

Deutlich schwieriger wird die Aufgabe bei einem eingeschalteten Staubsauger. Deshalb bleibt er zunächst ausgeschaltet, die Reizsteigerung soll so gering wie möglich sein. Denn es ist ja nicht Ziel der Sache, dass sich Charly erneut aufregt, sondern dass er auch diesen Übungsschritt mit Bravour meistert. Alle folgenden Schritte basieren auf demselben Prinzip: Zuerst wird das Futter weit weg vom Gerät geworfen, dann schrittweise

Dass die Annäherung an das Leckerchen und somit an den Staubsauger für Charly eine Überwindung bedeutet, sieht man an der eingeklemmten Rute und an seinem langgestreckten Hals. Auf diese Weise hält er seine Fluchtbereitschaft aufrecht.

immer näher. Erst bewegt sich der Staubsauger von Charly weg, mit der Zeit dann auch auf ihn zu. Bleibt Charly ruhig und hält Abstand, fliegen die Kekse. Fängt er an zu attackieren, wird er ermahnt und das Training pausiert bzw. wird beendet. So entwickelt er eine gewisse Toleranz gegenüber dem Staubsauger. Denn auf einmal hat dieser Vorteile für ihn: Es gibt Futter.
Mit eingeschaltetem Staubsauger fängt das Training vom Ablauf her wieder von vorn an. Zuerst steht er nur im Zimmer, dann bewegt er sich wieder. Es ist genau so, wie es sich anhört: absolute Fleißkärtchenarbeit! Beständiges Dranbleiben und tägliches Trainieren machen den Erfolg sichtbar. Doch nach intensivem Training kann Frau Miebach wieder in ihrem Wohnzimmer staubsaugen, ohne Charlys Angriffe befürchten zu müssen.

Stolz wie Charly! Training gemeistert, Staubsauger weg, jetzt kann auch wieder die Rute hoch getragen werden.

Wichtig

Wohnungsputz

Während der Trainingszeit ist es ganz wichtig, dass Charly beim Staubsaugen der Wohnung nicht anwesend ist, weshalb Freunde ihn in dieser Zeit zu einem Spaziergang abgeholt haben. Seine Anwesenheit würde nur zu Rückfällen führen, da man sich beim Putzen nicht hundertprozentig auf seinen Hund konzentrieren kann, um ein erfolgreiches Training zu absolvieren. Außerdem sind die Reize viel zu stark. Nicht umsonst wurde in ganz kleinen Schritten mit stehendem und ausgeschaltetem Staubsauger begonnen.

Transferleistungen

Das mit dem Staubsauger hat Charly begriffen. Jetzt wird es Zeit für Transferleistungen. Nach dem gleichen Prinzip funktioniert nun das Training für Plastiktüten und das Maxi-Cosi®. Zunächst werden die Gegenstände nur angehoben. Hält Charly Abstand und ist ruhig, wird ihm ein Stück Futter in eine andere Richtung geworfen. Klappt das, wird Charly mithilfe des Futters an die Objekte herangeführt. Funktioniert auch dies, kann man sich langsam und ruhig mit der Tüte bzw. der Babyschale bewegen und auch die Dynamik mit der Zeit immer weiter erhöhen. Durch viele Übungseinheiten wird Charlys Erwartungshaltung verändert. Der Feind wird zum Ernährer, dessen Bewegungen toleriert werden.

Langfristig soll Charly beim Vorbeitragen des Maxi-Cosi® ganz entspannt sein.

Martin Rütter erklärt den Zuschauern der Sendung, was es mit dem Maxi-Cosi® auf sich hat.

Angst und Unsicherheit

Angst ist ein Schutzinstinkt, und damit grundsätzlich etwas Positives, denn sie trägt zur physischen und psychischen Gesundheit von Lebewesen bei. Sobald die Angst jedoch stark ausgeprägt ist oder sehr häufig auftritt, wird sie zur Belastung für Mensch und Hund, zu etwas Negativem. Hunde, die mit starken Unsicherheiten und Ängsten zu kämpfen haben, sind keine Seltenheit. Trotzdem ist dieses Thema in Hundeschulen und der Verhaltenstherapie meist unterrepräsentiert, da diese Hunde zwar Probleme haben, aber keine machen und deshalb leider oft die Notwendigkeit einer Therapie nicht gesehen wird. Häufig wird unsicheres oder ängstliches Verhalten erst spät erkannt, wenn der Ausprägungsgrad schon hoch ist. Ein Hund, der sich unwohl fühlt, zeigt dies aber durch weniger auffällige Signale schon deutlich früher. Würden Menschen das zu diesem Stadium bereits erkennen, könnten etliche unangenehme Situationen vermieden werden. Oder man könnte ihnen adäquat entgegentreten, bevor es „zu spät" ist, der Hund weggelaufen ist, die Flucht nach vorn angetreten hat oder von seinem Menschen nicht mehr ansprechbar ist. Deshalb lohnt es sich, genau hinzuschauen:

Betrachtet man die gesamte Körperhaltung, sind ein runder Rücken, eine stark angelegte Rute und eine eher geduckte, gedrungene Haltung wohl die offensichtlichsten Hinweise auf die Angst eines Hundes. Wenn sich ein Hund beispielsweise vor einem Gegenstand fürchtet, verlangsamt er sein Tempo, möchte einen Bogen um das Objekt gehen, um zu engen Kontakt zu meiden, oder er bricht seine Bewegung gar ab und zieht quasi die Handbremse.

Details und Anzeichen für Angst und Unsicherheit lassen sich jedoch allein am Kopfbereich wunderbar und zahlreich erkennen. Sehr deutlich wird das an den Ohren, die der Hund eng an den Kopf anlegt, wenn er sich unwohl fühlt. Auch das unterstützt das Bestreben, sich möglichst klein und unauffällig zu machen. Gleichzeitig lassen sich in der Regel vergrößerte Pupillen erkennen, je nach Stärke der Angst zum Teil auch weit aufgerissene Augen. Unsichere Hunde versuchen den Blickkontakt mit dem „Angstauslöser“ zu vermeiden, während bereits ängstlich reagierende Hunde die Gefahr nicht aus dem Auge lassen. Auch die Schnauzenpartie kann Bände sprechen: Hecheln dient dem Hund nämlich nicht nur zur Wärmeregulation, sondern kann auch ein Stressanzeichen sein. Es ist wichtig, den Hund in seiner Gesamtheit zu betrachten, denn man kann in der Regel nicht von einem einzigen Symptom auf den Wesenszustand des Hundes schließen. Genauer kann man noch auf die Maulspalte achten, die sich bei Stress als lang nach hinten gezogene Öffnung zeigt, sodass ein schmaler Spalt entlang der Zähne entsteht. Bei einem entspannten Hund hingegen ist die Maulspalte viel breiter und ihr Ende c-förmig. Bei Hunden, die am Kopf kurzes Fell haben, kann man sogar eine sogenannte Stressfalte erkennen. Sie erstreckt sich von der Stelle unter den Augen schräg nach hinten Richtung Maulspalt.

Wer die Körpersprache seines Hundes genauer erkennen möchte, dem empfehlen wir, Hundeverhalten mit einer Kamera zu filmen. So kann man sich das Material beliebig oft und auch in Zeitlupe anschauen, denn im Alltag geht für ein ungeübtes Auge meist alles viel zu schnell.

Thyson und Merle – Chaos auf acht Pfoten

Vorgeschichte – Gemeinsam ist man weniger allein

Als ob sie kein Wässerchen trüben könnten: Thyson und Merle!

Der Plan war so schön: Damit der Hund nicht so ganz allein ist, wenn seine Menschen das Haus verlassen, soll er Gesellschaft bekommen. Zwei Hunde können sich dann prima die Zeit miteinander vertreiben und es sich so richtig gut gehen lassen. So viel zur Theorie. Was sich sinnvoll und logisch anhört, muss in der Praxis nicht immer auch so sein. Genau davon kann Frau Bresgen ein Lied singen. Zunächst war da nur Thyson, der helle Labrador-Retriever-Rüde. Ein Energiebündel, das sich in Haus und Garten austobt und sich mit seiner Umwelt beschäftigt – manchmal mehr, als es Familie Bresgen lieb ist. Und so ist schnell klar, dass Thyson seinesgleichen braucht. Merle, die nur zwei Monate jüngere schwarze Labrador-Retriever-Dame zieht also kurze Zeit später ein, und von nun an stellen beide das Haus auf den Kopf und sorgen für sehr viel Trubel. Wie eben unausgelastete Hunde so sind. Die Hoffnung, dass sich die jugendlichen Hundeflausen in den Köpfen der beiden irgendwie auswachsen werden, wird immer geringer.

Problem – Gleich und gleich gesellt sich gern

Eigentlich sind Thyson und Merle sehr nette Hunde. Zumindest, wenn man jeden für sich betrachtet. Man kann mit ihnen toben, sie verstehen sich blendend mit der dreijährigen Tochter, sind einfach nur herzensgut und zudem noch hübsch anzuschauen. Perfekte Familienhunde scheinbar. Wenn man die beiden jedoch gemeinsam betrachtet, haben sie die Fähigkeit perfektioniert, den Alltag ihrer Menschen zu einer nervenaufreibenden Sache zu machen. Dann bekommt man die Energie zu spüren, die in den beiden steckt. So positiv die Bezeichnung „Energiebündel" auch sein mag, so anstrengend kann das werden, wenn es auch noch im Doppelpack auftritt.

Info

Zwei von einem Schlag

Hunde derselben Rasse, die sich zudem noch in einem ähnlichen Alter befinden, haben sehr viele Gemeinsamkeiten und ähnliche Interessen. Was sich auf den ersten Blick schön anhört, birgt die Gefahr, dass die beiden Hunde gerade aufgrund dieser Ähnlichkeit zu viel miteinander zu tun haben. Der eine kommt auf eine blöde Idee, der andere lässt sich sofort davon anstecken und macht mit. Denn leider schauen sich Hunde nur in den wenigsten Fällen die für uns Menschen guten und nützlichen Dinge voneinander ab. So kann sich Chaos ganz schnell potenzieren. Und was noch als weiterer Stolperstein hinzukommt, ist die Tatsache, dass es für den Menschen immer schwieriger wird, zwischen diese beiden Hunde zu kommen, also ernst genommener Ansprechpartner zu werden oder zu bleiben. Was soll da auch ein Dritter, wenn die beiden Hunde schon ein Herz und eine Seele sind? Hunde, die sich von ihrer Wesensart, ihren Interessen und ihrem Alter unterscheiden, machen es dem Menschen hingegen leichter. Hier gibt es für den Zweibeiner mehr Eingriffschancen, er schafft es oft besser, sich für seine Hunde interessant zu machen, und hat dementsprechend mehr Einfluss auf sie.

Zwei Wirbelwinde in Aktion

Thyson und Merle ziehen an der Leine um die Wette, und wenn sie im Freilauf auf der anderen Seite des Feldes einen Menschen oder Hund sehen, nehmen sie die Beine in die Pfoten und sind weg. Sie wollen nur mal „Hallo" sagen, sind immer sehr freundlich dabei und auf keinen Fall aggressiv. Aber sie hören eben nicht auf Frauchens Rufe. In den eigenen vier Wänden sieht es nicht viel besser aus. Besucher werden sehr massiv begrüßt und die beiden scheinen vor Freude geradezu zu explodieren, denn das Springen und Hüpfen nimmt kein Ende. Was Bresgens aber richtig Sorgen macht, ist die Zerstörungswut der beiden in unbeobachteten Momenten. Und spätestens seit Thyson versuchte, die Steckdose aus der Wand zu ziehen, ist klar, dass das nicht nur eine für Menschen ärgerliche Unart ist, sondern auch lebensgefährlich für die beiden Hunde sein kann. Also werden Thyson und Merle von nun an für die Dauer des Alleinseins in den großen Garten gebracht, dort gibt es einfach weniger Dinge und vor allem ungefährlichere, die zerstört werden können ... so könnte man wenigstens meinen. Denn neben Löchern buddeln scheint auch der Sitz des dort abgestellten Motorrads sehr verlockend zu sein. Von ihm ist nach hundlicher Bearbeitung nicht mehr viel übrig geblieben. Nur gut, dass nicht gleich das ganze Motorrad bei dieser Aktion auf die Hunde gefallen ist. Jetzt steht eines fest: So kann es auf keinen Fall weitergehen, kompetente Hilfe ist gefragt.

Die beiden können sich herrlich gemeinsam austoben oder ihre Energie eben auch an allem anderen auslassen. Hier musste ein Motorradsitz dran glauben.

Beliebt ist bei den beiden auch ein nicht enden wollendes Anspringen von Besuchern.

Martin Rütter zu Besuch

Martin Rütter lässt sich von Frau Bresgen verschiedene Alltagssituationen beschreiben und erlebt, wie sich die Hunde sowohl ihm als auch dem Kamerateam gegenüber verhalten. Auch im Garten werden die Hunde beobachtet, um ihr Verhalten noch besser einordnen zu können. Zuerst sind Thyson und Merle bei allen Anwesenden aufdringlich und sehr interessiert an allem. Nach einiger Zeit kommen sie dann zur Ruhe. Im Garten zeigt sich ein ähnlicher Ablauf. In den ersten Minuten rasen die beiden von A nach B, jagen sich gegenseitig und apportieren vom Baum gefallene Äpfel. Dann werden sie aber auch da etwas ruhiger, legen sich hin, kauen auf Äpfeln herum, um nach kurzer Zeit die nächste gegenseitige Jagdrunde zu starten. So interessant die Menschen anfangs für die beiden erscheinen, so beiläufig werden sie von ihnen nach einer gewissen Zeit behandelt. Und bald wirkt es so, als ob die Hunde völlig losgelöst von allen zweibeinigen Anwesenden ihrer Wege gehen.

Analyse – Hunde ohne Aufgabe werden zur Aufgabe

Die beiden Hunde haben sich und sind glücklich miteinander. Frauchen wird in diesem Konstrukt oft als Spielverderber erlebt. Sie nimmt sie beispielsweise an die Leine, wenn von Weitem Menschen zu sehen sind, quartiert sie in den Garten aus, wenn sie drinnen zu lebhaft werden, oder nimmt ihnen die Äpfel weg, weil sie bei zu starkem Konsum bei den beiden zu Durchfall führen. Immer wenn Frau Bresgen auftaucht, ist der Spaß aus Hundesicht vorbei. Na ja, sehr häufig jedenfalls. Thyson und Merle haben zwar sich und verbringen viel Zeit miteinander, doch eine enorm wichtige Sache fehlt: geistige Auslastung.

Wichtig

Kopfarbeit

Bei der Frage, wie ein Hund beschäftigt wird, werden meist diverse sportliche Aktivitäten aufgeführt, die alle etwas mit Bewegung zu tun haben. Sei es der ganz alltägliche Spaziergang oder das Begleiten am Rad oder Pferd. Das ist zwar alles gut und wichtig, eine geistige Auslastung darf jedoch nicht vergessen werden. Auch Hunde möchten ihre grauen Zellen anstrengen dürfen! Erst das lastet sie so richtig aus, macht sie glücklich und entspannt.

Um eine harmonische Familiensituation zu erreichen, muss also einiges getan werden. Vor allem muss Frau Bresgen dafür sorgen, dass ihre Hunde sie als Familienmitglied wahrnehmen und nicht nur als Spaßverderber. Eine der Voraussetzungen für erfolgreiches Training ist jedoch auch, Verständnis für die Problematik bzw. deren Entstehung zu schaffen. Wenn man weiß, warum sich ein Hund so und nicht anders verhält, kann man dieses Verhalten auch beeinflussen. Und da ging es Frau Bresgen wie vielen anderen Ratsuchenden: Mit dem nötigen Hintergrundwissen ist das Flegelverhalten der meisten Hunde kein Rätsel mehr, sondern wird auf einmal erklärbar.

Training – Strukturen schaffen und Spaß haben

Da es sich um junge und agile Hunde handelt, muss eine kombinierte körperliche und geistige Auslastung gefunden werden. Natürlich bietet sich bei den beiden ein Apportiertraining an, einfach weil es Retriever sind. Es schadet aber nicht, das Ganze etwas dynamischer zu gestalten. Dafür wird ein sogenanntes Reizangeltraining begonnen. Eine Beute – ein Spielzeug, Schweineohr oder Ähnliches – wird an einer Schnur befestigt, die wiederum mit einem Stock verbunden ist, eine Art Angel eben. Durch diese „Verlängerung des Arms" kann der Mensch eine Ersatzbeute, also Spielzeug oder Futter, in einem sehr viel

Es war gar nicht so einfach, die beiden Energiebündel für das Foto zum Stillhalten zu bewegen.

größeren Radius bewegen und zugleich die Beute „lebendig“ machen. Sie schlägt Haken, hüpft, rast in eine andere Richtung usw. Ihr hinterherzuhetzen macht den meisten Hunden sehr viel Spaß und sie sind mit Eifer dabei. Das deckt die körperliche Komponente ab, und mit etwas Geschick bekommt man die Hunde so müde, dass sie gar nicht mehr auf die Idee kommen, auch noch an Gegenständen rumzubeißen.

Kein Spiel ohne Regeln

Da Thyson und Merle aber nicht nur körperlich beschäftigt werden sollen, werden an die Reizangel gewisse Regeln geknüpft. So gibt neuerdings Frau Bresgen das Startsignal fürs Jagen und vor allem fürs Spaßhaben! Selbstverständlich wird mit den Hunden einzeln trainiert. So hat Frauchen die Möglichkeit, Einfluss zu nehmen und einen Grundgehorsam aufzubauen. Außerdem erleben die Hunde durch diese Maßnahme, dass man sich auch ganz toll mit seinem Zweibeiner beschäftigen kann. Es entsteht eine ernst z unehmende Alternative zum vierbeinigen Spielgefährten.

Nach und nach kann die Schwierigkeit erhöht werden. So sollen Thyson und Merle zum Beispiel im „Sitz-Bleib“ warten, bis Frau Bresgen das Startzeichen gibt und sie hinter der Beute herlaufen dürfen. Gar nicht so einfach, wenn etwas Verlockendes nur wenige Meter entfernt durchs Gras gezogen wird! Aber das Zusammenreißen lohnt sich und erhöht die Spannung. Nachdem die Beute dann eine Weile gehetzt und schließlich gefasst wurde, soll sie zu Frauchen zurückgebracht werden, dann erst

Mit der Reizangel soll Merle körperlich und geistig richtig ausgelastet werden …

... und als zusätzliche Kopfarbeit darf Merle nun öfter im hohen Gras den Futterbeutel suchen.

Info

Wer nicht will …

Endlich kann Frau Bresgen auch einen Vorteil der Zweihundehaltung nutzen. Denn wenn ein Hund im Training nicht mitmachen möchte, ignorant oder frech ist, beendet Frauchen das Ganze und fängt mit dem anderen Hund an zu trainieren. So kann man sich viel Frust ersparen, denn Frau Bresgen kann quasi innerlich den Satz an ihren Hund richten: „Es ist deine Entscheidung, ob du mitmachen möchtest. Wenn nicht, bin ich nicht böse, sondern nehme einfach den anderen Hund.“

Thyson hat sichtlich Spaß bei der Jagd nach dem Beutel.

kann die nächste Jagdrunde beginnen. Auf diese spielerische Art und Weise erleben die beiden Hunde Strukturen und Regeln. Frau Bresgen gibt den Ton an, die Hunde reagieren darauf, und allen macht es zudem viel Spaß. Die Vierbeiner erleben, dass Kooperation gar nicht so schlecht ist, und nehmen ihr zweibeiniges Familienmitglied nach und nach auch als solches wahr. Der Verselbstständigung unter den Hunden wird somit entgegengewirkt.

Ein guter Anfang

In der Regel reicht ein Reizangeltraining nicht aus, um die Hunde von ihrer Zerstörungswut abzuhalten, aber es ist ein sehr guter Anfang. Der Mensch macht sich spannend, schafft neue Aufgaben und erarbeitet sich was gemeinsam mit den Hunden, und er schafft Strukturen und Regeln, die so wichtig sind für ein Hundeleben! Jetzt muss dieses Prinzip nur noch auf den Alltag ausgedehnt werden. Frauchen entscheidet immer öfter, wann wo was passiert. Nachdem Frau Bresgen jeden Hund einzeln unter Kontrolle hat, hat sie nun reale Chancen, es auch mit beiden zu schaffen. Und da die beiden geistige Aufgaben bekommen, die sie glücklich und zufrieden machen, haben sie es auch nicht mehr nötig, Haus und Garten samt Inventar auf den Kopf zu stellen und in ihrem Sinne umzu-dekorieren.

Nach erfolgreicher Jagd gibt es eine große Belohnung.

AUS DER PRAXIS

Hunde im Doppelpack

Doppeltes Glück auf acht Pfoten? Oder eher doppeltes Chaos? Sowohl das eine als auch das andere kann zutreffen. Mehrhundehaltung hat natürlich einige Vorteile. Allen voran ist der tägliche Umgang mit einem Artgenossen für Hunde hervorragend. Es gibt ein Gegenüber, das die gleiche Sprache spricht. Auch für Menschen gibt es oft kaum etwas Schöneres, als die eigenen Hunde zu beobachten. Zu sehen, wie sie miteinander kommunizieren, wie sie spielen und kuscheln. Da entstehen Sequenzen voller Vertrautheit, wie man sie sonst bei Hundegruppen im Park nicht beobachten wird. Und es ist lehrreich noch dazu. Denn von wem kann man besser lernen, wie Hunde „ticken", als von ihnen selbst. Wenn man beobachtet, wie sich Hunde in den verschiedensten Situationen verhalten, gibt das auch Aufschlüsse darüber, wie man sich selbst seinem Hund gegenüber im Alltag verhalten kann. Und was man sieht ist, dass Hunde in der Regel sehr leise miteinander kommunizieren, dass sie nicht jede Frechheit des Gegenübers beachten, aber ihnen wichtige Dinge auch sofort und konsequent durchsetzen.
Zu den Nachteilen gehört, dass wir Menschen auch bei aller Mühe mit unseren kommunikativen Fähigkeiten, was die Hundesprache betrifft, weit hinter dem Original zurückbleiben. Und wir teilen auch nicht unbedingt dieselben Interessen wie Jagen oder den Garten umgraben. Damit besteht die Gefahr, dass sich zwei Hunde quasi verselbstständigen bzw. ihren Menschen ausklammern, ihn nicht für voll nehmen. Die Folge ist, dass der Zweibeiner weniger Einfluss auf seine Tiere hat, was wiederum zu Schwierigkeiten im alltäglichen Zusammenleben führen kann. Bevor ein zweiter Hund also ins Haus kommt, sollte man

sich überlegen, ob man mit den Ecken, Kanten und Macken des ersten gut leben kann. Denn in der Regel schauen sich Hunde untereinander nicht nur die vorbildlichen Verhaltensweisen voneinander ab. Im Idealfall hat man zu seinem ersten Hund eine vernünftige und funktionierende Beziehung aufgebaut, in der es keine Fragezeichen mehr gibt, was die Aufgabenverteilung und die Rudelstruktur angeht. Dann kann man sich guten Gewissens einen zweiten Hund ins Haus holen. Selbstverständlich gibt es auch unter Hunden Antipathien, und man tut nicht jedem Hund einen Gefallen damit, einen zweiten aufzunehmen. Eine Kombination, die für den Menschen meist einfacher zu „händeln" ist, sind zwei Hunde, die einen gewissen Altersunterschied haben. Dadurch stecken die Hunde nicht in der gleichen Entwicklungsphase, haben deswegen auch unterschiedliche Interessen. Das erhöht die Wahrscheinlichkeit auf ein friedliches Zusammenleben. Haben die Hunde zusätzlich noch eine unterschiedliche Mentalität, wird dieser Faktor zudem erhöht. Zudem ist es hilfreich, sich häufig mit beiden Hunden getrennt zu beschäftigen um die Mensch-Hund-Beziehung zu fördern. Außerdem lassen sich so neue Signale viel leichter erlernen. Und klappt es mit jedem einzelnen Hund prima, kann man es auch gemeinsam versuchen. Spätestens hier wird klar, dass Hunde auch doppelte Zeit und „Arbeit" beanspruchen. Manche Menschen stehen dem entspannten Rudelleben leider mit ihrem Gerechtigkeits- und Demokratieverständnis im Weg. Denn nur weil Bello der erste Hund war, heißt das nicht, dass er nach Einzug von Fiffi automatisch die Nummer eins bleibt. Es können Ablöseprozesse stattfinden, denen man nicht im Weg stehen sollte!

Stella – Jekyll und Hyde

Vorgeschichte – Von der Straße in die Familie

Über Stellas Vorgeschichte weiß man, wie so oft bei Hunden, die auf der Straße aufgelesen wurden, nichts Genaues. Und so wird in der Regel jede Menge spekuliert und vermutet. Fakt ist, dass Stella aus dem polnischen Tierschutz kam, dann in einer Pflegestelle wohnte, bevor sie zu Familie Wegener gelangte. Das ist jetzt ein paar Monate her, in denen Stella schon jede Menge gelernt und sich in ihr neues Rudel prima eingefunden hat. Auch Stella verhält sich in bestimmten Situationen abwartend, unauffällig und zurückhaltend, so wie viele Exstraßenhunde. Einige Hunde reagieren sogar ausgesprochen ängstlich auf ihr neues Umfeld. Das ist bei Stella zum Glück nicht so. Stella ist in ihren neuen vier Wänden ein Lamm. Sie verhält sich lieb, sanftmütig und unauffällig. Und wenn man Stella so sieht, fragt man sich ernsthaft, warum sich Wegeners an den Hundeprofi wenden. Es scheint doch alles bestens zu sein. Ja richtig, solange man sich drinnen aufhält. Aber wehe, man verlässt das Haus ...

Problem – Hund oder Hase, irgendwas ist immer

Draußen gibt es gleich ein doppeltes Problem. Zum einen sind da Stellas Artgenossen. Sobald sie am Horizont erkennbar sind, geht es los mit Stellas Wüterei. Aus dem hübschen kleinen Mischling wird eine Furie, die lautstark verkündet, dass ihr die Gegenwart des anderen Hundes so gar nicht in den Kram passt. Und auf einmal entwickeln sich Kräfte an der Leine, die diesem Hund überhaupt nicht zuzutrauen sind. Erst einige Meter, nachdem der andere Hund den Weg passiert hat, beruhigt sich Stella wieder. Und ihren Menschen bleibt nichts als den Kopf zu schütteln, da ihnen die Wesenswandlung ihres eigentlich so lieben Hundes ein Rätsel ist. Ohne Leine kann Stella allerdings viel gelassener mit ihren Artgenossen umgehen. So scheint die Lösung des Problems nahe: Leine ab und los!

Extremes Verhalten an der Leine

Viele Hunde zeigen an der Leine deutlich extremeres Verhalten anderen Artgenossen oder Menschen gegenüber, als wenn sie sich frei bewegen. Woran liegt das? Lange wurde fälschlicherweise gedacht, dass sich Hunde mit ihrem Menschen im Rücken besonders sicher fühlen und deshalb solch ein Theater machen. Gemeinsam ist man stark! Aber wer sich stark und sicher fühlt, selbstbewusst ist, hat so einen Wirbel gar nicht nötig. Im Gegenteil, man könnte seinem Gegenüber ganz gelassen begegnen. Hunde, die sich also so wild gebärden, fühlen sich durch das Angeleintsein meist verunsichert. Sie können sich nicht so bewegen und verhalten, wie sie es vielleicht gern würden, was in diesem Fall zu Anspannung führt. Die Leine schränkt sie in ihrer Kommunikationsfähigkeit ein, sie können z. B. nicht beschwichtigen oder einen Bogen um den anderen Hund laufen, um ihm so auszuweichen. Zudem gibt es Hunde, die sich zusätzlich noch für ihren Menschen verantwortlich fühlen, also nicht nur sich, sondern auch ihren Menschen irgendwie aus dieser Situation herausbringen möchten. Auch das kann Stress bedeuten. Auch hier ist der Unterschied zwischen Mensch und Hund gar nicht so groß: Wer gestresst ist, reagiert oft gereizter als in einer entspannten Gemütslage.

Ein Familienbild ohne Leine ist im Freien undenkbar. Stella ist ohne Leine nicht zu halten.

Was hier fast ein bisschen gelangweilt aussieht ...

Leidenschaft zum Jagen

Nur leider ist das Entfernen der Leine für das Wegener-Rudel nicht wirklich eine Lösung, denn Stellas zweite Leidenschaft wird für Wegeners zum nächsten Problem – das Jagen! Und zwar nicht nur ein bisschen, wenn das Reh quasi schon vor ihr steht, Stellas Verhalten fängt schon an der Haustür an. Kaum öffnet sich diese, wittert und schaut sie bereits, wo denn die vielen Hasen sind, die sich oft auf der Wiese vor dem Haus tummeln. Sie zieht an der Leine, hält die Nase in den Wind und ist kaum ansprechbar. Zum Feldweg, wo Stella auf die nächste Jagdbeute hofft, ist es nicht weit – aber mit Sicherheit kommen einem hier auch noch ein paar Hunde entgegen. Stella schaltet also kurz auf Furie um, um sich danach direkt wieder dem Jagen zuzuwenden. Von einem erholsamen Spaziergang kann hier keine Rede sein! Wegeners suchen inzwischen schon automatisch die Umgebung ab. Wenn Sie nämlich andere Hunde oder Hasen zuerst entdecken, haben sie zumindest eine kleine Chance, Stellas Verhalten zu beeinflussen, und sei es auch nur durch Ausweichen.

Martin Rütter zu Besuch

DER HUNDE PROFI

Als Martin das erste Mal bei Wegeners zu Besuch ist, passiert trainingstechnisch noch nichts. Denn Stellas extremes Verhalten lässt ihn nach den Ursachen bzw. nach den Motivationen der Hundedame fragen. Da man aber über ihr Vorleben, wie gesagt, wenig weiß, sollen ein paar Tests Aufschluss bringen. Aus diesem Grund trifft man sich an einem anderen Tag im „Zentrum für Menschen mit Hund“ in Bonn, wo verschiedene eingezäunte Wiesen zur Verfügung stehen, die sich für solche Tests hervorragend eignen. Wenn ein Hund auf der anderen Seite des Zauns erscheint und Stella Vollgas gibt, sollen Wegeners die Leine fallen lassen und in eine andere Richtung davongehen. Martin möchte sehen, für was sich Stella entscheidet: den Hund am Zaun ankläffen oder sich mit ihren Menschen zurückziehen? Die Leine soll als demonstrative Geste fallen gelassen werden, ganz nach dem Motto: „Streiten kannst du dich allein, wir sind schon mal weg.“

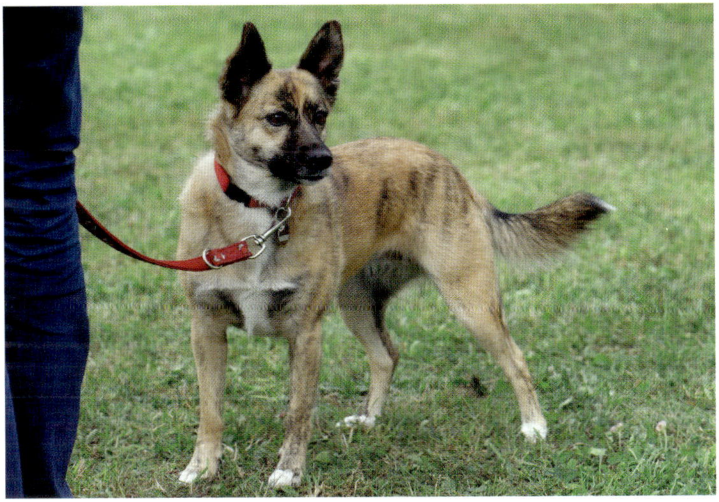

... ändert sich sofort, wenn Stella etwas zum Jagen erahnt.

Einigen Hunden wird nämlich ganz anders, wenn sie auf einmal merken, dass die Leine ins Unendliche nachgibt. Sie drehen sich um und sehen, dass ihre Menschen schon weit weg sind, und kommen dann zu dem Entschluss, dass sie sich doch nicht so dringend mit dem anderen Hund anlegen wollen. Ein kleinerer Prozentsatz der Hunde reagiert auf das Nachgeben der Leine erleichtert und läuft, ohne zu zögern, auf den anderen Hund zu. Wie Stella reagiert, gilt es nun herauszufinden.

Analyse – Angriff ist die beste Verteidigung

Als der Labradorrüde Pino die Wiese jenseits des Zauns be-tritt, stellt sich der klassische Vorführeffekt ein. Stella ist zwar aufmerksam, bellt jedoch nicht. Deshalb soll bei der zweiten Annäherung die Leine fallen gelassen werden, egal welches Verhalten Stella zeigt. Stella rast zum Zaun, genau so, wie sie es auch im Freilauf tun würde. Und dann ... Nichts! Nach der ersten Attacke hat Stella gemerkt, dass Pino ihr nichts anhaben will, und wird etwas ruhiger. Dies spricht für ein angstmotiviertes Verhalten: Zuerst einmal zeigen, wer man ist (weil die nötige Sicherheit im Umgang mit Artgenossen fehlt), um dann festzustellen,

dass gar kein Grund für die Aufregung besteht. Stella hatte, wie so viele andere Hunde auch, die Lernerfahrung gemacht, dass sie sich mit Aggression die anderen Vierbeiner vom Leib halten kann. Und da dies so wunderbar funktioniert, wiederholt sie dieses Verhalten immer wieder.
Das ganze Prozedere wird in einem nächsten Durchgang mit einer Hündin auf der anderen Seite des Zauns wiederholt. Auch hier lassen Wegeners die Leine fallen und gehen. Stella ist zunächst abwartend freundlich gegenüber Ginala, der Labradordame. Als Stellas Menschen zurückkommen und sich dann sogar dem fremden Hund annähern, bellt sie aber doch. Entfernen sich Wegeners wieder, geht Stella sofort mit. Da scheinen ihr ihre Menschen wichtiger zu sein als Ginala. Selbst als beide Hunde frei laufen dürfen – immer noch mit dem Zaun dazwischen –, ist Stellas Verhalten gemäßigt. Und das ist gut so, denn in der gemäßigten Form sieht Martin Rütter Stellas Verhalten viel deutlicher, als wenn er nur die extremen Formen beurteilen kann. Jetzt erkennt man Zwischentöne und Nuancen. Man sieht, dass Wegeners für Stella durchaus wichtig sind und eine gute Beziehung vorhanden ist.

Viele Hunde finden ein Fernsehteam samt Zubehör sehr spannend. Wenn Stella aber Hund oder Hase sieht, ist ihr alles andere egal.

Training – Dampf ablassen mit Struktur

Stella muss in nächster Zeit nun vor allem zwei Dinge lernen. Zum einen, dass ihre Menschen und nicht sie entscheiden, welcher Hund nun gefährlich ist und gegen wen man sich verteidigen muss – und gegen wen eben auch nicht. Zum anderen soll Stella ein alternatives Ventil für ihre Aufregung bekommen. Anstatt an anderen Hunden ihren Dampf abzulassen, soll dies in einer gemeinsamen Aktion mit ihren Menschen geschehen. Und das wird auch gleich auf den Trainingswiesen in Bonn umgesetzt: Noch bevor sich Stella über die Anwesenheit eines anderen Hundes aufregt, soll Frauchen ein Stück Futter in eine andere Richtung werfen und damit die Dynamik umlenken. Es geht hier nicht um ein Ablenkungsmanöver, im Gegenteil. Denn bei einer Ablenkung umgeht man das Problem lediglich, man trainiert nicht wirklich an der Problematik. Hier soll Stellas Verhalten aber gelenkt und geformt werden. Sie soll lernen, dass sie beim Anblick eines Hundes die Wahl hat: entweder

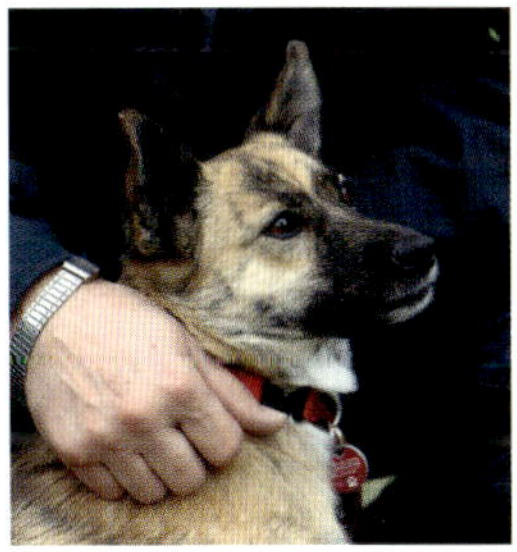

Auch für Streicheleinheiten hat Stella draußen in der Regel keine Ruhe.

Info

Umlenken von Verhalten

Ein Hund muss eine Situation immer erst wahrnehmen, um daraufhin eine Entscheidung treffen zu können. Wer seinem Hund sofort wohlduftende Leckerchen vor die Nase hält, lenkt diesen lediglich vom eigentlichen Geschehen ab. Der Hund sollte im Idealfall den Auslöser für sein bisher problematisches Verhalten wahrnehmen und sich trotzdem für ein Alternativverhalten entscheiden. Erst dann folgt eine Belohnung, denn erst jetzt hat er ein Verhalten gezeigt, das bestätigt werden kann. Also: Erst wenn der Hund ansprechbar ist oder sich anders auf seinen Menschen einlässt, sollte der Zweibeiner das Futterstück aus der Tasche ziehen. Hält der Mensch es schon vorher griffbereit, kann es passieren, dass der Hund nur wegen des in Aussicht gestellten Leckerchens das erwünschte Verhalten zeigt. So erreicht man aber kein zuverlässiges Verhalten, sondern bleibt immer auf „Bestechungsfutter" angewiesen.

Für Dynamik lässt sich Stella begeistern. Egal, ob mit ihren Menschen ...

bellen oder erst mal abwarten und ruhig sein. Entscheidet sie sich fürs Bellen, gehen die Menschen ganz gelassen wieder nach Hause und beenden den Spaziergang. Hat sich Stella jedoch entschieden, nicht gleich eine Attacke zu fahren, soll das mit Dynamik und Futter belohnt werden.
Dieses Hinterherhetzen nach einem Futterstück ist gleichzeitig auch noch ein Alternativverhalten für Stellas geliebtes Jagen, das die Spaziergänge attraktiver werden lässt. Man hat also gleich zwei Fliegen mit einer Klappe geschlagen!

Annäherung an fremde Hunde

Die Strategie, Futter und Dynamik miteinander zu kombinieren, scheint genau das Richtige für Stella zu sein, denn sie ist mit Feuereifer dabei. Durch die Dynamik, das angebotene Ventil, baut Stella Stress ab und erlebt, dass ihre Menschen viel spannender sind als alles andere. Jetzt muss sie nur noch begreifen, dass ihre Menschen durchaus einschätzen können, ob ein anderer Hund eine Gefahr darstellt oder nicht, sprich, ob Sichaufregen ein angemessenes Verhalten ist. Zu diesem Zweck wird Stella wieder auf gewissen Abstand mit einem Hund konfrontiert. Frau Wegener geht nun allein auf diesen Hund zu, checkt ihn quasi für Stella ab. Verhält Stella sich ruhig, kommt Frauchen wieder und belohnt sie mit Bewegung.

... oder mit fremden Personen.

Tipp

Spaziergänge interessant gestalten

Oft unterscheiden sich die Interessen von Mensch und Hund auf Spaziergängen drastisch. Menschen möchten die Natur genießen, abschalten und ein bisschen Bewegung haben. Hunde dagegen gehen nicht spazieren, weil sie sich mal die Pfoten vertreten müssen oder das Wetter gerade so schön ist. Sie haben ein Ziel, und in ganz vielen Fällen heißt dieses leider „Jagen".
Da Hunde aber auch merken, dass ihre Menschen dieses Interesse offensichtlich nicht teilen, machen sie sich eben selbstständig oder tun sich mit ihren Hundekumpeln zusammen. Menschen haben aus Hundesicht den Sinn eines Ausflugs nicht erkannt! Gehört Ihr Hund also zu denen, die sich nur schwer abrufen lassen und die gern mal ein paar Extrarunden drehen, dann versuchen Sie doch mal mit Ihrem Hund anstatt spazieren auf die Jagd zu gehen – natürlich auf eine Ersatzbeute. Verstecken Sie ein Spielzeug im Baum, lassen Sie Futter ausbuddeln oder gehen Sie gemeinsam einer Fährte nach. Wenn Sie für Ihren Hund spannend sind, dann muss er sich auch nicht so stark für alles andere interessieren.

Die beiden laufen über die Wiese und erbeuten geworfene Futterstücke. Wenn Stella jedoch unruhig wird und gar das Bellen und Toben anfängt, entfernt sich Frau Wegener sowohl von dem fremden Hund als auch von ihrer Hündin. Ist Stella wieder ruhig, wird die Annäherung an den fremden Hund so oft wiederholt, bis Stella gelernt hat abzuwarten. Erst dann kommt Frauchen zurück und beschäftigt sich wieder mit ihr. Auf diese Weise soll Stella mit der Zeit das nötige Vertrauen in ihre Menschen aufbauen. Denn sie beobachtet, wie sich Frauchen mit einer potenziellen Gefahr auseinandersetzt, diese jedoch nie zur tatsächlichen Gefahr wird.

Pfeife und Futterbeutel

Jetzt heißt es üben, üben, üben und jede Gelegenheit zum Trainieren wahrnehmen. Wegeners gehen mit offenen Augen spazieren und achten auf Stellas Verhalten. Es muss der richtige Zeitpunkt für die Belohnung gefunden werden, denn in den nächsten Schritten soll sie nicht immer sofort belohnt werden, sondern erst, wenn sie schon ein Weilchen brav war, nachdem sie einen anderen Hund registriert hat. Langfristig möchte man nämlich halbwegs entspannt an anderen Hunden vorbeigehen können, ohne den eigenen Hund sofort „bespaßen" zu müssen. Zwei Trainingsmittel, die für Wegeners eine große Hilfe sind, sind die Pfeife und der Futterbeutel. Letzterer ist die Ersatzbeute, die von nun an gemeinsam mit den Menschen erjagt werden kann – und das sogar erfolgreich! Denn die Hasen hat Stella

Info

Vertrauen und Schutz

Natürlich muss man jetzt nicht ein ganzes Hundeleben lang zu jedem entgegenkommenden Hund gehen. Dies ist nur anfangs wichtig, bis der eigene Hund das nötige Vertrauen hat. Danach reicht es, wenn man sich selbst in eine nähere Position zum anderen Hund bringt, als es der eigene Vierbeiner ist. So könnte man im Zweifelsfall immer noch schnell eingreifen, falls der andere Hund doch zu einer Bedrohung wird. Dieses räumliche Schutzschild, das man bildet, kann auf Hunde sehr beruhigend wirken.

Stella möchte mit dem Training gar nicht mehr aufhören. Sie genießt dann aber doch eine Pause.

bisher nie erwischt. So kann Stella lernen, dass ein ruhiges Verhalten beim Anblick eines Artgenossen mit einem anschließenden Jagdspiel belohnt wird, das sie satt, glücklich und zufrieden macht. Bei der Pfeife handelt es sich eher um ein Notfallwerkzeug. Stella muss zunächst in kleinen Schritten lernen, dass der Pfeifton für sie das Paradies bedeutet, weil es dann immer die besonders leckeren Sachen gibt. Und weil der Pfiff im Vergleich zur Stimme ein weniger geläufiges Geräusch ist, reagieren Hunde in der Regel sehr gut darauf. Langsam werden die Situationen erschwert, in denen Stella auf das Tonsignal zurückkommen soll. Und mit viel Fleiß und Übung kann man erreichen, dass sich Stella auch von einem Hasen abrufen lässt. Wegeners haben noch viel zu tun! Das Schöne ist jedoch, dass es sich bei Stella um einen ganz aufgeweckten Hund handelt, der sehr viel Spaß am Lernen hat.

AUS DER PRAXIS

Hunde aus dem Süden

Hunde, die aus meist mediterranen Ländern zu uns kommen, werden häufig als „Straßenhunde" bezeichnet. Und in der Tat ist es oft so, dass diese Tiere von der Straße eingefangen und in Tierheime oder Tötungsstationen gebracht wurden, bevor sie die Reise nach Deutschland antraten. Aber nicht nur Tiere, die ausgesetzt oder bereits ohne Menschenobhut geboren wurden, kommen aus dem Süden zu uns. Manchmal sind es auch Hunde, die zu Jagdzwecken gehalten wurden und derer man überdrüssig geworden ist. In der Tat haben einige Vierbeiner das Glück, nach Deutschland in ein anderes Leben zu kommen. Allerdings ist der Import nicht immer eine gute Lösung, weder für die Hunde noch für die zukünftigen Halter. Zum einen deshalb, weil nicht alle importieren Hunde genügend Erfahrungen mit Menschen oder städtischem Trubel haben. Für sie wird die neue Welt zu einer einzigen Reizüberflutung, auf die sie mit starken Unsicherheiten oder Angst reagieren können. Natürlich kann man versuchen, das Familienmitglied behutsam an seine für ihn noch fremde Umgebung zu gewöhnen, häufig auch mit guten Erfolgen. Meist bleibt jedoch eine gewisse Skepsis zurück oder die Angst vor lauten Geräuschen oder nicht bekannten Objekten. Hat der importierte Hund bisher tatsächlich nur unter Hunden gelebt, ergeben sich neue Schwierigkeiten. Wenn z. B. nur wenige Tiere aus dem Rudel gefangen wurden, muss der Rest sehen, wie er ohne die entfernten Rudelmitglieder klarkommt. Waren ausgerechnet das die stärksten Jäger und Beschützer, besteht Gefahr für die Existenz des Rudels. Aber auch der eingefangene Hund muss sich an die Kommunikation seiner neuen Halter gewöhnen und z. B. erst lernen, dass es Menschen nicht

unbedingt als Drohgeste meinen, wenn sie sich vornübergebeugt dem Hund nähern. Unter Hunden ist diese Geste nämlich ein ganz klares Drohsignal. Und Hunde, die von Anfang an Kontakt zu Menschen haben, lernen auch schnell diesen Unterschied kennen. Neue Halter eines Hundes aus dem Süden tun also gut daran, in die Hocke zu gehen und sich dem neuen Familienmitglied eher seitlich als frontal zuzuwenden, das ist dem Vierbeiner eine große Hilfe und baut Vertrauen auf.

Aber zum Glück gibt es genügend Hunde, die nicht verängstigt in ihrem neuen Zuhause sind. Während sich die Hunde wohl fühlen, tut sich meist ein spezielles Problem für die Menschen auf. Denn bisher hat dem Vierbeiner niemand gesagt, was er zu tun oder zu lassen hat. Die Hunde handelten eigenverantwortlich, verschafften sich ihr Futter selbst und trafen auch sonst alle Entscheidungen allein. Beim Zusammenleben mit Menschen müssen aber notgedrungen ein paar Regeln eingehalten werden, was eine enorme Umstellung für den Hund bedeuten kann. Nicht selten werden die neuen Halter mit Ignoranz „gestraft", und der eine oder andere kann nicht immer darüber lachen, dass sein Hund ihm mal wieder gezeigt hat, dass er auch ohne ihn prima auskommt. Auch das Talent, noch so gut verschlossene Mülltonnen aufzumachen und zu durchwühlen, wird der Vierbeiner nicht von heute auf morgen ablegen.

Mit dem nötigen Verständnis und reichlich Geduld ist ein für alle Beteiligten schönes Zusammenleben aber erreichbar. Und ein ganz klarer Vorteil: Oft sind Hunde aus dem Süden sehr sozial ihren Artgenossen gegenüber, weil sie ihr bisheriges Leben lang in Hunderudeln verbracht haben!

Nanuk – Ein Hund will nicht spielen

Vorgeschichte – Eine Frage bleibt

„Der will doch nur spielen", ein Satz, den man auf Straßen und in Grünanlagen häufig hört. Die umgekehrte Variante, „Der macht alles, nur nicht spielen", ist dagegen nur sehr selten zu hören. Doch für Britta Hinderlich und Christian Bode ist dies eine Tatsache, genau das sagen sie nämlich über ihren Hund Nanuk. Vor gut drei Jahren hat das Paar den inzwischen achtjährigen Husky-Malamut-Mix bei sich aufgenommen und Herr Bode hat sich die meiste Zeit um ihn gekümmert. Frau Hinderlich steht Hunden immer noch eher skeptisch gegenüber und überlässt die Erziehung ganz ihrem Mann. Ihr Herz schlägt für ihre Katzen, die ebenfalls mit im Haus leben.
Doch alles in allem hat sich ein recht harmonisches Zusamenleben entwickelt. Nur eines fehlt Herrn Bode: Er möchte so gern mit Nanuk richtig spielen: ein bisschen fangen, ein bisschen das Fell durchwuscheln, oder ein bisschen mit ihm auf dem Boden kullern. Doch auf diese Art von Spiel lässt sich Nanuk nicht ein, beziehungsweise es artet immer in eine wilde Rauferei aus.

Christian Bode, Britta Hinderlich und Nanuk haben sich schon gut aneinander gewöhnt. Doch unter Spiel verstehen Hund und Mensch noch etwas völlig anderes.

Nanuk gehorcht schon sehr gut, doch vom Spielen mit seinem Herrchen möchte er nichts wissen.

Problem – Wie bringt man einem Hund das Spielen bei?

Von sich aus ist Nanuk eigentlich nie in Spiellaune, sondern muss von seinem Herrchen erst dazu animiert werden. Frauchen verzichtet lieber ganz darauf, weil sie schon rein körperlich dem großen Hund nicht standhalten könnte und auch Respekt davor hat, wenn es so wild zugeht. Und es geht wild zu! Anspringen, in Klamotten und Arme beißen und laute Knurrgeräusche von sich geben, das gehört zum Standardprogramm. Ohne feste Handschuhe hätte Herr Bode schon längst blutige Hände, und blaue Flecken gehören zur Tagesordnung. Das soll sich nun ändern. Von Martin Rütter möchte das Paar erfahren, wie man Nanuk zu einem schöneren und angenehmeren Spiel animieren kann, bei dem auch körperliche Nähe ohne Blessuren möglich sind. Das ist für die beiden wichtig, um die Bindung zu ihrem Hund zu stärken. Sie möchten durch das gemeinsame Spiel erreichen, dass Nanuk aufmerksamer wird und mehr ihre Nähe sucht. Frau Hinderlich ist es zudem wichtig, mit dem Spiel eine Möglichkeit zu haben, Nanuk von anderen Artgenossen, die er nicht so gerne mag, abzulenken.

Martin Rütter zu Besuch

DER HUNDE PROFI

Nach einem kurzen Einführungsgespräch möchte Martin Rütter Herrn Bode und Nanuk im Spiel miteinander sehen, um sich ein Bild von der Situation machen zu können. Bereits in der Wohnung drehen die beiden Herren ganz schön auf, und auf der nahe gelegenen Wiese zeigt sich das Verhalten dann in seinem vollen „Ausmaß“. Aber da Herr Bode das bereits kennt, ist er bestens ausgerüstet: Feste Schuhe, Kleidung, die schmutzig werden darf, und vor allem die erprobten Handschuhe sind immer mit dabei. Nach einiger Beobachtungszeit greift Martin Rütter ein und fordert Herrn Bode auf, seinen Hund zum Spielen aufzufordern, allerdings ohne dabei körperlich zu werden.

Noch ahnt Nanuk nicht, dass es bei der Lagebesprechung vor allem um ihn geht.

Das fällt Herrn Bode sehr schwer, denn sein sogenanntes „Spiel“ besteht aus Anrempeln, Knuffen, Schubsen und Rangeln. Alles sieht mehr nach einer Rauferei als nach einem Spiel aus, und Nanuks Reaktion darauf bestätigt den Verdacht. Um auch Herrn Bode dies anschaulich zu verdeutlichen, schubst Martin ihn ebenfalls zur Seite, einmal, zweimal. Er pöbelt ihn an und fordert ihn heraus. Durch diese Maßnahme wird Herrn Bode schnell deutlich, was er eigentlich mit seinem Hund tut. Er streitet mit Nanuk!

Nanuk nimmt freundlich Kontakt mit Kameramann Klaus Grittner auf.

Analyse – Spiel oder Rempelei?

Der Husky-Malamut-Mix möchte eigentlich keine Auseinandersetzung mit seinem Herrchen. Aber weil dieser immer weiter rempelt und pöbelt, bleibt Nanuk nichts anderes übrig als sich zu wehren. Und dazu benutzt er auch seine Zähne. Martin Rütter und Herr Bode schätzen Nanuks Verhalten also ganz unterschiedlich ein. Was Herr Bode als Spielaufforderung wahrnimmt, wird von Martin als Streiten analysiert. Das Verhalten von Nanuk hat nicht im Geringsten etwas mit Spiel zu tun.

Info

Verspielte und ernste Typen

Viele Rassen bleiben ihr Leben lang sehr kindlich und verspielt (z. B. Retriever), während andere Rassen viel schneller erwachsen und selbstständig werden (z. B. Nordische Hunde, Herdenschutzhunde). Halter dieser zur Selbstständigkeit neigenden Rassen werden feststellen, dass ihre Hunde in der Regel kaum für Spiel zu begeistern sind. Diese Hunde hinterfragen schnell den Sinn solch angebotener Beschäftigungsvarianten. Ein weggeworfener Ball ist auch für einen siebenjährigen Retriever in der Regel noch interessant, während ein Herdenschutzhund schon längst aufgehört hat, diesem Ball hinterherzulaufen. Was soll er auch damit? Und so muss für Nanuk eine Trainingsart gefunden werden, hinter der er den Sinn erkennen kann, die unterm Strich also lohnenswert für ihn ist.

Training – Von Abstand hin zu mehr Nähe

Das Spielverhalten zwischen Nanuk und seinem Herrchen hat sich bereits so eingespielt, dass zunächst eine Unterbrechung notwendig ist. Da passt es gut, dass Herr Bode die nächsten Wochen beruflich unterwegs sein wird und nur am Wochenende zu Hause ist. Denn genau das ist Martin Rütters Plan: Nanuks Aufmerksamkeit soll zuerst einmal auf Frau Hinderlich gelenkt werden, die bis jetzt keine große Rolle in seinem Leben gespielt hat. Für Frau Hinderlich ist es das erste Mal, dass sie sich ganz allein sowohl um Nanuk als auch um die zur Familie gehörenden Katzen kümmern muss. Keine einfache Zeit, denn ihre Angst vor Hunden hat sie noch nicht ganz überwunden. Und so bedeutet es eine große Herausforderung für sie, das Training von Nanuk allein zu übernehmen. Andererseits besteht so die Chance, dass die beiden ein eingespieltes Team werden und sich besser verstehen. Zudem kann sich Herr Bode nach diesem Training mit anderen Vorzeichen Nanuk nähern. Wichtig ist zunächst einmal, jede Körperlichkeit mit Nanuk zu vermeiden. Seiner Erwartungshaltung, dass gleich wieder gekabbelt wird, soll nicht entsprochen werden. Stattdessen soll das Training auf seinen anderen Sinnen wie Hören und Riechen aufgebaut werden. Kombiniert wird das Ganze mit einer für Nanuk wichtigen Komponente: Nahrung!

Schritt 1 – Volle Konzentration

Frau Hinderlich wirft von nun an Futterstückchen im Wohnzimmer, die Nanuk mithilfe seiner Sinne erbeuten soll. Das heißt aber auch, dass Nanuk nicht jedes Mal sehen darf, wohin Frauchen das nächste Stück wirft. Frau Hinderlich muss bei diesem Training auch selbst viel Geschick entwickeln, damit Nanuk nicht immer gleich sieht, wohin das Leckerchen kullert. Doch es funktioniert! Nanuk spitzt die Ohren und lauscht dem Geräusch, welches das Leckerchen beim Landen auf dem Teppich erzeugt. Kann er es nicht gleich sehen, kommen die Riechzellen zum Einsatz. Das bedeutet für ihn volle Konzentration! Sowohl Zwei- als auch Vierbeiner macht das gemeinsame Erbeuten von Leckerchen Spaß, und so kann zügig zum nächsten Trainingsschritt übergegangen werden.

Nanuk lernt auf die Signale seines Frauchens zu achten …

… und wird dafür zeitnah belohnt.

Zusammen mit Frauchen geht er auf Leckerchensuche und achtet dabei auf körpersprachliche Signale.

Schritt 2 – Orientierung

Nanuk soll lernen, sich an den Zeichen seines Frauchens zu orientieren. Zeigt sie in eine bestimmte Richtung, soll er auch genau dort suchen und nicht völlig selbstbestimmt irgendwo den Teppich abschnüffeln. Auf kurze Distanzen funktioniert das sehr gut. Längere Strecken müssen noch geübt werden, da Nanuk einfach sehr eigenständig ist, typisch Nordischer Hund! Dann ignoriert er schon mal Frauchens Rufen und Wedeln mit den Armen. Und so erlebt Frau Hinderlich alle Höhen und Tiefen des Hundetrainings. Als Nanuk dann auch noch nach dem neu zugezogenen Kätzchen schnappt und Frau Hinderlich nun ganz ohne ihren Mann klarkommen muss, liegen die Nerven blank. Immer wieder müssen sich die zwei zusammenraufen. Und nach einigem Hin und Her gibt es endlich Positives zu berichten. Zum ersten Mal erlebt Frau Hinderlich Situationen, in denen sie voller Überzeugung „Jawohl, mein Hund!“ sagen kann. Denn Nanuk beginnt Verhaltensweisen zu zeigen, die bis-

Nordische Hunde sind sehr eigenständig und müssen erst lernen, auch auf ihre Menschen zu achten.

her nur bei Herrn Bode möglich schienen. Dazu gehört, dass Nanuk von sich aus Kontakt zu Frau Hinderlich sucht, auch mal durch ihr Gesicht leckt und generell aufmerksamer ist. Die viele Mühe macht sich endlich bezahlt.

Schritt 3 – Leinenführigkeit

Nun werden als weiterer Trainingsschritt Übungen zur Leinenführigkeit eingebaut, damit Frau Hinderlich auch außerhalb des Hauses mehr Kontrolle über ihren Hund hat. Und siehe da, der ach so ignorante Nanuk läuft plötzlich aufmerksam neben Frauchen her! Das funktioniert anfangs natürlich nur in eher ablenkungsfreien Situationen. Bis die beiden so entspannt an vierbeinigen Erzfeinden vorbeikönnen, bedarf es noch weiterer Übung und Zeit. Aber ein Anfang ist gemacht. Und vor allem wurde damit eine Grundlage geschaffen: die Motivation, auch andere Ziele erreichen zu können. Frau Hinderlich ist mit Nanuk glücklich. Jetzt gilt es wieder, den Bogen zurück zu

Martin Rütter erklärt Frau Hinderlich, wie sie Suchspiele mit Nanuk aufbauen kann.

Mit allen Sinnen auf der Suche: Aufmerksam verfolgt Nanuk, wohin das Leckerchen fliegt.

Herrn Bode zu schlagen, der sich bisher aus dem Training herausgehalten hat. Er kann nun von Brittas Vorarbeit profitieren und die Übungen einfach übernehmen. Auf keinen Fall darf er wieder in das alte Muster verfallen, denn Nanuk soll die Sicherheit behalten, dass er nicht mehr angepöbelt wird. Und mit einem entspannten Hund, der gelernt hat, gemeinsam mit seinem Menschen etwas zu erreichen, kann man ganz anders trainieren. Nanuk werden Suchspiele angeboten und es werden Fährten für ihn gelegt. Mit einem Futterbeutel kann man das Apportieren aufbauen, um damit das klassische Spiel mit dem Ball zu ersetzen. Seine Nahrung zu apportieren, macht für ihn mehr Sinn und ist deshalb eher von Erfolg gekrönt.

Nanuk kann man nicht zu einem „Spielhund" umkrempeln, und das ist auch gar nicht nötig, denn es gibt im Zusammenleben mit ihm nun reichlich Alternativen, mit denen trotzdem alle ihren Spaß miteinander haben. Und da dies für Nanuk zudem noch sinnvoll erscheint, was seine Menschen da mit ihm machen, erreichen diese gleichzeitig auch einen ganz anderen Stellenwert. Die Beziehung zwischen Zwei- und Vierbeiner wurde deutlich optimiert. Jetzt heißt es dranbleiben – und diesen Vorteil für das weitere Zusammenleben ausnutzen!

Dann wird mit der Nase die Wiese abgesucht, bis die „Beute" aufgespürt ist.

Nach der Suche ist Nanuk mit all seiner Aufmerksamkeit wieder ganz bei Frauchen.

Fino und Kenzo – Führungswechsel

Vorgeschichte – Ein Hund für Herrchen

Die Frage, ob der Hund oder der neue Lebenspartner mit Frauchen das Bett teilt, ist lange her. Für Herrn Plumhoff ist es inzwischen kaum vorstellbar, dass dies jemals eine Oder-Frage war. Denn was anfangs unmöglich erschien, ist heute aus dem täglichen Leben kaum wegzudenken: das gemeinsame Kuscheln und Einschlafen aller Zwei- und Vierbeiner in einem Bett. Und so kam nach Herrchens Einzug bei Frau Eltner und ihrem West Highland Terrier Fino auch irgendwann ein zweiter Westie-Rüde hinzu. Nun hatte jeder „seinen" Hund, und in Anbetracht der Tatsache, dass Fino inzwischen zwölf Jahre alt ist, ist es auch irgendwie ein beruhigendes Gefühl, nicht eines Tages ganz ohne Hund dazustehen. Und so zog der kleine Welpe Kenzo ein und brachte wieder Leben ins Haus. So weit, so gut. Mit Kenzos Pubertät änderte sich aber eine nicht unwesentliche Kleinigkeit, was den Alltag des Rudels betraf: Kenzo fing an, das Haus zu markieren!

Problem – Willkommen in Kenzos Haus

Das Problem äußert sich in kleinen Pfützen, die mal hier, mal da zu finden sind. Kenzo hat zwar schon ein paar bevorzugte Markierstellen wie z. B. den Vorhang im Essbereich, aber er nimmt auch gern andere Möglichkeiten wahr, um darzustellen, in wessen Haus man sich seiner Meinung nach befindet.
Kenzo hat eine Vorliebe für neu ins Haus gebrachte Gegenstände, also alles, was noch nicht nach ihm riecht. Ob es die abgestellte Angeltasche ist, die daran glauben muss, oder das neue Windlicht, egal: Nichts ist vor ihm sicher. Auch bei den Dreharbeiten musste akribisch aufgepasst werden, dass keine Kamera unbeobachtet auf den Boden gestellt wurde …
Als ob das für ein Zusammenleben nicht schon nervig genug wäre, hebt Kenzo aber auch in anderen Haushalten bzw. Örtlichkeiten das Bein. Nur sehr ungern wird er dementsprechend zu Einkaufsausflügen mitgenommen, denn Frau Eltner und

Nichts ist vor Kenzo sicher – alles Neue wird nicht nur begutachtet, sondern auch markiert.

Herr Plumhoff können sich nie sicher sein, dass Kenzo nicht auch dort in einem unbeobachteten Moment das Inventar bepinkelt. Der kleine Rüde ist clever genug: Er hebt nicht demonstrativ vor den Augen seiner Menschen das Bein, sondern wartet Situationen ab, in denen seine Menschen mit anderen Dingen beschäftigt sind.

Info

Markieren

Dass Kenzo durch das Urinablassen markiert und nicht etwa ein gesundheitliches Problem hat, lässt sich daran feststellen, wo und in welchen Mengen er markiert. Eine größere Menge an Urin, meist in der Nähe der Tür, spricht eher dafür, dass der Hund es einfach nicht mehr halten konnte. Er wollte ja gern nach draußen, deshalb die Nähe zur Tür. Aber weil das Öffnen zu lange dauerte oder kein Zweibeiner seine Not erkannt hat, musste er sich leider unmittelbar davor erleichtern. Hunde wie Kenzo dagegen wählen strategischere Punkte, die meist nur mit wenigen Tropfen markiert werden. Es geht darum, Eckpunkte des Territoriums durch dieses geruchliche Signal hervorzuheben. Beliebte Zielobjekte sind auch Gegenstände, die in den Raum hineinragen, wie Tischbeine, Pflanzenkübel oder Ähnliches.

Martin Rütter zu Besuch

Hausbesuche sind im Hundetraining das Beste, um ein Verhalten richtig interpretieren zu können. Denn neben dem, was die Menschen über ihren Hund erzählen, bekommt man allerhand andere Informationen, z. B. wie verhalten sich die Hunde in ihrem Terrain, wie gehen die Menschen mit ihren Hunden um, welches Verhalten ist sowohl für die Zwei- als auch für die Vierbeiner alltäglich? In diesem Fall wurde das, was Frau Eltner und Herr Plumhoff Martin Rütter erzählt haben, wunderbar durch das ergänzt, was man nebenher beobachten konnte. Die beiden Westie-Rüden werden über alles geliebt! Es soll ihnen gut gehen und sie sollen alle möglichen Freiheiten genießen. Und davon gibt es reichlich.

Beim Thema Markierverhalten in der Wohnung können nicht nur territoriale Motivationen des Hundes, sondern auch sexuelle Komponenten eine Rolle spielen. Um zu beurteilen, wie stark sexuell motiviert die beiden Westies sind, werden sie im Freilauf mit Hündinnen und Rüden beobachtet: Kenzo geht neugierig mit erhobener Rute auf Hündinnen zu, Fino hat solches Imponieren weniger nötig. Nach erster Begrüßung sind beide Rüden sexuell schon sehr an der Hündin interessiert, was sich

Kenzo und Fino genießen die Aufmerksamkeit von Frauchen und Herrchen.

am häufigen Schnüffeln im Genitalbereich der Hündin zeigt. Bei Kenzo ist dies noch stärker ausgeprägt als bei Fino, was aber dem Alter der beiden Hunde entsprechend zu erwarten war. Trotz der Anwesenheit einer Hündin haben die beiden Rüden auch viel miteinander zu tun. Sie nehmen häufig Blickkontakt zueinander auf, markieren über und stehen in gewisser Konkurrenz zueinander. Zu Rüden verhalten sie sich distanzierter, aber nicht unfreundlich.

Analyse – Leben in einer Hundewelt

Sofern es die Temperaturen zulassen, stehen die Haus- und Terrassentüren für die beiden Westies offen, sodass ein Kommen und Gehen für die beiden jederzeit möglich ist. Auch jede Ressource ist ständig verfügbar: Futter steht in trockener und feuchter Ausführung zur Verfügung, Spielzeug liegt im Haus und Garten verteilt, mit einem noch so kurzen Blick erreichen sie die Aufmerksamkeit ihrer Menschen, und ins Bett dürfen beide, seitdem die Hunde-im-Bett-Frage damals gestellt wurde, sowieso. Kenzo und Fino bestimmen also, wann sie was machen möchten, und kosten ihre Freiheiten aus.

Wichtig

Umgang mit Ressourcen

Hunde gehen je nach Persönlichkeitsstruktur anders mit ihnen zur Verfügung stehenden Ressourcen um. Da solche Privilegien in einem Hunderudel meist mit einem höheren Status und dementsprechend mit einer höheren Verantwortung einhergehen, bedeutet diese angebliche Freiheit für viele Hunde Stress. Ein sehr junger Hund, der merkt, dass er die wichtigen Regeln aufstellt, kann damit schnell überfordert sein. Die meisten Verhaltensauffälligkeiten, die sich daraus ergeben, sind das Ignorieren der eigentlich bekannten Signale, sobald man draußen unterwegs ist, das Ziehen an der Leine und das Korrigieren des Menschen durch Anspringen oder Schnappen.

Kenzo ist neugierig und aufgeschlossen. Doch die Kamera darf auf keinen Fall unbeobachtet abgestellt werden.

Training – Privilegien ade!

Da Kenzo durch die vielen Privilegien und dem Verhalten seiner Menschen schnell klar ist, dass er zumindest der angehende Boss dieses Rudels ist, markiert er dementsprechend seinen Besitz. Das ist ganz normales Hundeverhalten!

Was im Eltner-Plumhoff-Westie-Rudel passieren muss, ist eine schrittweise Privilegienentziehung. Kenzo und Fino dürfen und sollen Hunde sein und Hundeverhalten zeigen dürfen. Es muss ihnen jedoch auch klargemacht werden, dass sie in einer Menschenwelt leben. Sie müssen akzeptieren, dass nicht sie die alltäglichen Entscheidungen treffen und dass sie keine Verantwortung tragen. Vor allem muss Kenzo begreifen, dass nicht ihm das Haus gehört, sondern dass er lediglich ein sehr willkommenes „Rudelmitglied" ist, das sich an bestimmte Regeln zu halten hat. Konkret bedeutet dies, dass sowohl die Eingangs- als auch die Terrassentür verschlossen bleiben und nicht auf Wunsch der Hunde geöffnet werden, sondern wenn den Menschen danach ist. Futter gibt es nur in einem kleinen Zeitfenster. Was nicht aufgefressen wird, wird weggestellt.

Auch das Spielzeug wird eingesammelt. Nicht, dass die beiden Hunde nicht mehr spielen dürften, sie sollen nur keinen Besitz mehr haben. Und was den Menschen offensichtlich am schwersten gefallen ist: Raus aus dem Bett mit den Vierpfötern!

Wichtig

Nicht von heute auf morgen

Es empfiehlt sich, solch eine Privilegienreduktion schrittweise durchzuführen, also nicht auf einmal die Welt des Hundes komplett auf den Kopf zu stellen, sondern nach und nach. So haben alle Beteiligten mehr Zeit sich daran zu gewöhnen. Unsichere Hunde können nämlich sehr empfindlich auf eine massive Veränderung in ihrem Alltag reagieren und leiden dann unter zu großem Stress. Haben sie sich jedoch an eine Umstellung gewöhnt, können sie die nächste besser verkraften.

Kenzo lernt, dass er sich nicht um alles selbst zu kümmern braucht, sondern dass er sich auf Herrn Plumhoff verlassen kann.

Auf Freiersfüßen

Auch sexueller Kontakt bzw. die Möglichkeit dazu kann ein Privileg ranghoher Tiere sein. Beim Freilauf mit anderen Hunden waren Kenzo und Fino schon sehr interessiert an Hündinnen, haben dabei aber angemessenes Verhalten gezeigt. Trotzdem schließt Martin Rütter eine Kastration beider Rüden nicht aus. Wird nur Fino kastriert, könnte der wesentlich jüngere Kenzo ganz schnell Oberwasser bekommen. Wird jedoch Kenzo kastriert und erlebt ständig einen sexuell motivierten Fino vor seiner Nase, wird Kenzos Markieren nicht weniger werden, er könnte es im Gegenteil als Kompensation nutzen.
Aufgrund Finos Alter und aufkommenden Herzbeschwerden wurde dann aber doch von der Möglichkeit einer Kastration Abstand genommen.

Martin Rütter erklärt anhand seiner Körpersprache das Imponierverhalten der beiden Westie-Rüden.

Info

Kastration

Da eine Kastration ein nicht rückgängig zu machender Eingriff ist, will dies gut überlegt sein. Zu diesem Zweck kann man einen Hund zunächst hormonell kastrieren lassen. Über einen gespritzten Chip werden Sexualhormone freigesetzt, die zunächst zu einem Anstieg des Hormonspiegels führen und im zweiten Schritt zu einem starken Abfall bzw. zur Einstellung der Sexualhormonproduktion, was einer Kastration gleichkommt. Es gibt auch sogenannte chemische Kastrationen oder homöopathische Varianten. Wer hierzu genauere Informationen möchte, fragt am besten einen Tierarzt.

Herr Plumhoff übernimmt die Führung

Bei gemeinsamen Spaziergängen haben die Hunde viel zu viele Möglichkeiten, sich ausschließlich auf sich zu konzentrieren und gemeinsam auf Tour zu gehen. Herr Plumhoff ist dabei eher unwichtig und wird für die beiden Rüden zur Nebensache. Deshalb werden die Vierbeiner für Aktivitäten außerhalb des Hauses getrennt, damit sie Herrn Plumhoff bewusster registrieren und als jemanden erleben, mit dem man zum einen viel Spaß haben kann und der zudem entscheidet, wann was wie gemacht wird. So wird apportiert, Rad gefahren und durch die Gegend getobt.

Die beiden Rüden spielen sich bei Hundebegegnungen zuerst einmal auf.

Jeannette Przygoda wird beim Schreiben neugierig beäugt. Was sie wohl über uns Hunde schreibt?!

Das Training zeigt erste Erfolge

In der ersten Woche nach Martins Besuch schien sich eine Art Wunderwirkung einzustellen: Kenzo hat nicht markiert! Nur leider ist es nicht dabei geblieben und das Pinkeln stellte sich nach einigen Tagen wieder ein. Vor allem Kenzo war zu Beginn so mit den Veränderungen beschäftigt, dass er gar nicht mehr dazu kam, im Haus zu markieren. Er musste erst begreifen, dass sich seine Menschen auf einmal ganz anders verhalten und für ihn längst geklärte Dinge anders bzw. gar nicht mehr funktionieren. Fino versuchte in den ersten Nächten bis zu zwanzig Mal aufs Bett zu springen, wurde aber daran gehindert. Was Futter und Spielzeug angeht, haben sich sowohl die Menschen als auch die Hunde schnell an die Umstellung gewöhnt. Mit den Trainingswochen stellten sich noch andere Veränderungen ein. Kenzo gehorcht und folgt Herrn Plumhoff viel besser, er sucht öfter seine Nähe und macht beim Apportieren prima mit. Auch wenn es schwerfällt, einzeln mit den Hunden spazieren zu gehen, weil jeweils der andere Hund allein zu Hause bleiben muss, zeigen die geänderten Umstände doch deutlich, dass sich etwas im Verhalten der Hunde geändert hat. Was den Eingriff auf die Hormone angeht, schwanken die Ergebnisse. Es gibt Phasen, in denen das Markieren im Haus ganz verschwindet, und dann auch wieder Zeiten, in denen Kenzo Gegenstände markiert. Diese Schwankungen zeigen jedoch deutlich, dass das hund-liche Problemverhalten beeinflusst werden kann.

Info

Couch und Bett

In Hundekreisen heiß diskutiert: Darf der Hund aufs Sofa oder sogar mit ins Bett? Hier kommt es natürlich auf die jeweilige Mensch-Hund-Beziehung an. Im Grunde spricht nichts dagegen, dem Hund auch erhöhte Liegeplätze zu gestatten, wenn einige Voraussetzungen gegeben sind. Stimmt die Beziehung zwischen Hund und Halter, wird der Hund durch diese Privilegien nicht gleich die „Weltherrschaft" übernehmen. Doch sollte der Hund jederzeit den Platz räumen, wenn man es von ihm verlangt. Noch besser: Er geht nur auf das Sofa, wenn man es ihm erlaubt bzw. wenn seine Decke darauf liegt.

Durch die klaren Strukturen kehrt im Hause Eltner / Plumhoff Ruhe ein.

Nur nicht aufgeben!

Die Beziehung zwischen Herrn Plumhoff und Kenzo hat sich jedoch eindeutig zum Positiven gewandelt und die beiden wachsen langsam zu einem Team zusammen. Jetzt muss der rote Faden im Training bzw. im Alltag unbedingt beibehalten werden. Denn nur wenn man den beiden Westies dauerhaft und unbeirrt klarmacht, dass das Haus den Zweibeinern gehört, können es Fino und Kenzo letztendlich auch verstehen. Sind ihre Menschen im Umgang mit ihnen nicht konsequent genug und gestehen ihnen hin und wieder doch wieder Privilegien zu, hören auch die Hunde nicht auf, das Beziehungsgefüge ständig zu hinterfragen. Frau Eltner und Herr Plumhoff müssen also noch eine ganze Weile geduldig ihren Weg verfolgen und dürfen nicht nachgeben.

Frühestens, wenn Kenzo und Fino überhaupt nicht mehr an der neuen Ordnung zweifeln und die Regeln akzeptieren, kann man einen Versuch wagen und sie wieder mit ins Bett nehmen oder auch Spielzeug herumliegen lassen. Nur dann gilt es, ganz genau zu beobachten, ob sich zwischen den Hunden oder zwischen Zwei- und Vierbeinern wieder etwas verändert, damit man im Zweifelsfall eingreifen kann, um dem Wiederaufleben alter Verhältnisse vorzubeugen.

Sammy – Wenn der Wald ruft …

Vorgeschichte – Vom Angsthasen zum Ausreißer

Sammy ist ein Halbstarker von sechs Monaten, als er bei Nicole Quest einzieht. Obwohl „Halbstarker“ etwas übertrieben ist, denn es handelt sich eher um einen Angsthasen im Hundepelz. Entweder kennt er Kinder und aufprallende Bälle aus seinem Vorleben nicht, oder er hat schlechte Erfahrungen damit gemacht. Denn sobald Kinder oder Bälle auftauchten, versuchte sich Sammy schleunigst zu verkrümeln. Aber das ist jetzt gut drei Jahre her. Sammy ist zwar noch nicht der mutigste Hund in jeder Situation, aber im Vergleich zu früher hat sich sehr viel zum Positiven verändert. Ein Talent, das Sammy aus dieser Zeit beibehalten hat, könnte ihn so bekannt wie Houdini machen. Denn Sammy ist Entfesselungskünstler! Wenn ihm was nicht passt, hält ihn weder Leine noch Halsband, er ist dann schon mal weg ... Nur kommt er auch nicht so schnell wieder zurück.

Problem – Termine ohne Garantie

Wie gesagt, ein Angsthase ist Sammy inzwischen eigentlich nicht mehr. Jetzt sind es überwiegend andere Situationen, in denen er sich geschickt befreit. Vorzugsweise beim Spaziergang im Wald! Nicht, dass Sammy prinzipiell weglaufen würde. Bei Ausflügen an der Ruhr oder auf freiem Feld ist er prima zu handeln und kommt ziemlich zuverlässig auf Rückruf. Nur im Wald scheint es mit ihm durchzugehen. Da kann man gar nicht so schnell gucken, wie Sammy sich aus angeblich ausbruchsicheren Geschirren befreit. Jetzt könnte man natürlich Waldgebiete schlicht und einfach meiden. Doch Nicole Quest wohnt mit ihrem Partner Thorsten Jansen quasi umgeben von Wald. Für einen Ausflug am Fluss oder über Felder müssten sie jedes Mal das Auto nehmen und lange Wegstrecken und viel Zeit investieren. Der Wald dagegen liegt quasi vor der Haustür, nur ein paar Schritte entfernt.

Spurensuche

Sammy ist also sehr regelmäßig auf Streifzügen durch den Wald unterwegs. Wie lange, hängt von Sammys Lust und Laune ab. Manchmal kommt er auch an seinen Menschen vorbeigaloppiert, zu schnell, um ihn greifen zu können, nur um dann wieder im Wald zu verschwinden. Die meiste Zeit hört und sieht man ihn nicht, dann heißt es nur noch warten und hoffen, dass er nicht über die Straße läuft, die den Wald vom Wohngebiet trennt. In glücklichen Fällen bequemt sich der Herr schon nach zehn Minuten zu seinen wartenden Menschen und ist gewillt, sich anleinen zu lassen. Wenn es schlecht läuft, kann das aber schon mal zwei bis drei Stunden dauern. Mit Sammy spazieren zu gehen bedeutet also jedes Mal, sehr viel Zeit haben zu müssen, weil man nie genau weiß, wie lange es dieses Mal dauert, bis man gemeinsam wieder den Rückweg antreten kann. Und wie alltagstauglich das ist, kann sich jeder nur zu gut vorstellen. Sammy hat schon einige Tagespläne gesprengt und für erhebliche Verspätungen seiner Menschen gesorgt. Das soll sich nun ändern!

Man sieht es ihm nicht an, aber Sammy ist ein richtiger Ausbruchskünstler.

Martin Rütter zu Besuch

Da Sammy fast täglich ausreißt, lässt dieses Verhalten auch nicht lange auf sich warten, als Martin Rütter zu Besuch kommt. Kaum ist man einige Meter den Waldweg entlanggegangen, fängt es an: Sammy wirkt trotzig, bleibt stehen und versucht kurze Zeit später sich rückwärts aus seinem Geschirr herauszuziehen. Wenn die Leine jetzt nicht sofort nachgegeben wird, ist er weg. Ihn körperlich mit aller Kraft festzuhalten, ist selbst Herrn Jansen kaum möglich, so geschickt windet sich Sammy aus seinen „Fesseln“! Bei einem Spaziergang muss die Aufmerksamkeit immer zu 100 % bei Sammy sein, sonst erkennt man seine Ausbruchansätze nicht und steht plötzlich nur mit der Leine in der Hand da. Martin Rütter erkennt schnell, dass es sich hier um einen absoluten Strategen handelt. Sammy handelt nicht impulsiv und spontan, sondern nutzt gezielt Momente, in denen er tatsächlich die besten Chancen hat, durchzubrennen. Schon nach den ersten Metern im Wald, wenn er noch an der Leine ist, hält er die Nase in den Wind, er wittert die Gerüche des Waldes. Gleichzeitig sucht er die Gegend mit den Augen ab. Zu gern würde er jetzt schon losrennen und den Wald ein bisschen aufmischen.

Sammy ist mit allen Sinnen im Wald unterwegs. Nicht einmal die Leine kann ihn aufhalten.

Ein gewohntes Bild – Frau Quest und Herr Jansen warten auf ihren Sammy. Wichtige Termine sollten da nicht vereinbart werden.

Als Sammy sich dann befreit und sich aus dem Staub macht, hilft jedes Rufen und Locken mit besten Leckereien nichts. Er ist weg und er entscheidet, wann er wieder in die Nähe kommt. Frau Quest und Herr Jansen klappern mit der Leine und gehen letztendlich zum Waldrand zurück, wo sie sich auf die Bank setzen, auf der sie schon zu oft auf ihren Hund gewartet haben. Immerhin gibt es die Sicherheit, dass Sammy früher oder später genau hier auftaucht, das ist so eine Art Deal zwischen den dreien. Als Sammy ziemlich erschöpft, aber gut gelaunt von seinem Ausflug zurückkommt und wieder angeleint ist, wird sein Geschirr erst einmal präpariert – es wird besser an seinen Körper angepasst, damit er sich nicht so schnell herauswinden kann. Zusätzlich werden Halsband und Brustgeschirr miteinander verbunden. Dafür eignet sich ein Leinenverbindungsstück, das man normalerweise zum Ausführen von zwei Hunden an einer Leine verwendet.

Analyse – Erwachsener Stratege

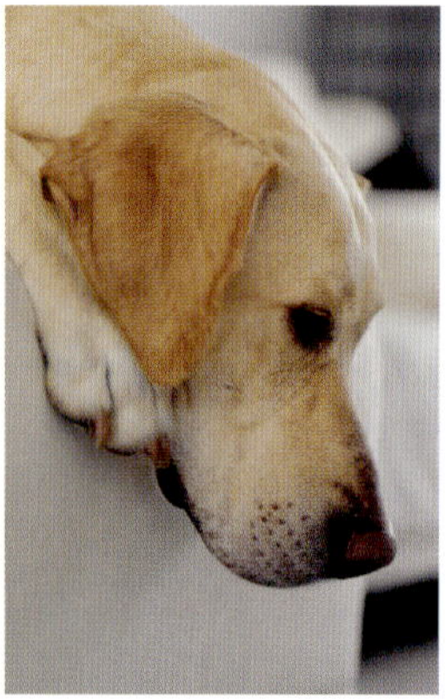

Nur zu Hause ist die Welt in Ordnung und Mensch und Hund können die Seele baumeln lassen.

Sammy ist eine echte Herausforderung. Als sich Nicole Quest für einen Hund entschied, hatte sie wie die meisten anderen Hundehalter die Vorstellung von einem netten, unkomplizierten Begleiter im Kopf. Ein Hund, den man überallhin mitnehmen kann und der auch mal so nebenherläuft. Das ist Sammy aber definitiv nicht. Er ist ein ernsthafter Jäger, ein selbstständiger Hund, der nicht so sehr auf seine Menschen angewiesen ist. Für Sammy ist das kein Problem, aber seine Menschen treibt er damit manchmal zur Verzweiflung.
Wenn Sammy sich doch nur immer so brav verhalten würde wie zu Hause, denn da gibt es keinerlei Reibungspunkte. Damit dieser Zustand auch draußen ansatzweise erreicht wird, muss sich Frauchen zukünftig anders verhalten, wenn sie mit Sammy unterwegs ist. Vor allem muss sie sich erst einmal von dem Gedanken verabschieden, Spaziergänge für die Entspannung und zum Seele-baumeln-Lassen zu nutzen.

Training – Vom Frauchen zur Jägerin

Sammy braucht eine Beschäftigung, die seinen Interessen entspricht und ihn zur Zusammenarbeit mit seinen Menschen bewegt. So kommt er erst gar nicht auf den Gedanken, allein den Wald zu erkunden. Frau Quest und Herr Jansen müssen vom bloßen „Anhängsel" an der Leine zu Jägern mutieren, die immer wissen, wo es die beste Beute gibt. Wichtig ist in der Anfangszeit vor allem, nicht um Sammys Aufmerksamkeit zu buhlen. Er soll merken, dass es für ihn nur von Vorteil ist, sich an seinen Menschen zu orientieren.
Viele Hunde sind nur deshalb so ignorant, weil sie sich der Aufmerksamkeit ihrer Menschen zu sicher sind. Die Vierbeiner haben gelernt, dass sich die Menschen bemerkbar machen, bevor sie einen anderen Weg einschlagen oder nach Hause gehen. Welchen Grund sollten Hunde also haben, sich nach ihren Menschen umzuschauen? Machen Hunde dagegen die Erfahrung, dass sie aufmerksam bleiben müssen, weil sich ansonsten ihr Mensch versteckt hat oder bereits ziemlich weit in eine andere Richtung verschwunden ist, gewöhnen sie sich an, von sich aus den Anschluss nicht zu verlieren und öfter zu prüfen, wo ihre Menschen stecken.

Info

Fehlende Lernerfahrung

Manche Hunde haben mangelnde Erfahrungen mit Menschen in ihren ersten Lebensmonaten oder einfach nie gelernt, dass Zweibeiner auch Teamkollegen sein können. Es ist ihnen völlig fremd, sich auf einen Menschen einzulassen oder gar mit ihm zusammenzuarbeiten, um ein für Hunde spannendes oder wichtiges Ziel zu erreichen. Sie gehen lieber ihre eigenen Wege, ignorieren ihren Menschen (zumindest, wenn sie aus ihrer Sicht mit viel interessanteren Dingen beschäftigt sind) und sind im Großen und Ganzen autark. Das ist keine „böse" Absicht, sondern in diesen Fällen eine fehlende Lernerfahrung, die jedoch teilweise mit Training ausgeglichen werden kann.

Zuerst wird die Beute (Futter) an einer markanten Stelle im Wald ausgelegt, während Sammy in Entfernung warten muss.

Menschen wissen, was sie tun ...

In der Praxis sieht das so aus, dass einer der Zweibeiner zu einer beliebigen Stelle geht, ohne Sammy vorher angesprochen oder gelockt zu haben. Mit der Hand oder einer kleinen Schaufel scharrt man dann am Boden und beschäftigt sich intensiv mit einer Stelle. Es passiert, was passieren muss: Sammy wird neugierig. Sein Mensch scheint da etwas ganz Spannendes entdeckt zu haben, da muss er doch mal nachschauen. Nähert sich Sammy der Stelle, legt man ein paar Stückchen Futter an diese und geht kommentarlos zu einer beliebig anderen Stelle, an der das Spiel wiederholt wird. Sammy macht auf diese Art die Erfahrung, dass seine Menschen zum einen aus seiner Sicht vernünftige Dinge tun, sie jagen. Zum anderen haben sie dabei auch noch Erfolg und lassen ihm ein paar Brocken der Beute übrig. Die Menschen, die sonst immer nur dekorativ an der Leine hingen, haben plötzlich richtig was auf dem Kasten! Nachdem Sammys Interesse geweckt wurde, wird das Futter in eine

Danach darf er mithilfe von Frauchen auf Spurensuche gehen.

robuste Plastikflasche gefüllt, die nicht so leicht zu zerstören ist. Ansonsten wird nach demselben Schema verfahren. Hintergedanke dabei ist, dass Sammy nun nicht mehr einfach so an das Futter kommen soll, sondern die Hilfe seiner Menschen benötigt. Ihm soll präsent werden, dass seine Menschen ausschlaggebend für den Erfolg sind.

Zusammenarbeit

Martin Rütter entlässt die drei nach seinem ersten Besuch mit der Aufgabe, dies nun zu variieren, also zum Beispiel das Futter zuerst an verschiedenen Stellen zu verstecken, während Sammy in der Nähe angeleint wartet. Dann nähert man sich gemeinsam den Fundstellen und Frau Quest oder Herr Jansen geben das Startsignal zum Suchen und zeigen in die Richtung, wo die Futterflaschen liegen. Hier haben die Menschen ein wenig die Chance, vor ihrem Hund anzugeben, denn sie wissen ja genau, wo das Futter ist, sind also die Superjäger.

Markante Stellen

Die Orientierung im Wald kann schnell zum Problem werden, vor allem wenn man sich ein paarmal im Kreis gedreht hat. Dann ist es gar nicht mehr so einfach sich zu merken, wo genau das Futter versteckt wurde. Frau Jansen hat sich deshalb Pappdeckel mitgenommen, um die Futterstellen zu markieren. Eine gute Idee, allerdings sticht nicht nur Menschen der helle Deckel auf dunklem Waldboden ins Auge, auch Hunde können das erkennen. Und mit Pech trainiert man Hunde auf das Erspähen der Pappdeckel und nicht auf das Orientieren am Menschen. Da Markierungen aber notwendig sein können, empfiehlt es sich, die Art der Markierung zu verändern, damit sich der Hund nicht auf etwas Bestimmtes fokussiert. Mal sind es Pappdeckel, mal werden unauffälligere Tannenzapfen in den Boden gesteckt. Es bietet sich auch an, Bäume auf Augenhöhe des Menschen mit bunter Wolle oder Kreide zu markieren, wenn sich die Futterstelle darunter verbirgt.

Trainingsvariationen

Für die nächsten Tage haben Zwei- und Vierbeiner nun genug zu üben, dann wird es bei einem Hund wie Sammy jedoch Zeit für neuen Input. Auch wenn es sich zunächst um eine spannende Sache handelt, besteht die Gefahr, dass er das schnell langweilig und wenig abwechslungsreich findet. Deshalb wird ihm in einem nächsten Schritt das Apportieren beigebracht, um im täglichen Training mehr Variationsmöglichkeiten zu haben.

Gerade wissbegierigen Hunden wird eine Trainingsvariante schnell langweilig. Deshalb lernt Sammy nicht nur auf Spurensuche zu gehen, sondern darf auch noch Apportieren.

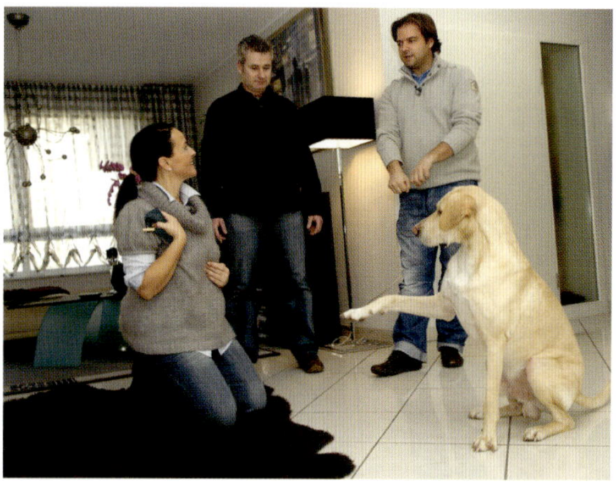

Neben aller Beschäftigung sind auch Ruhephasen wichtig.

Ablenkungsfreie Umgebung

Lernt ein Hund etwas ganz Neues, wie Sammy das Apportieren, sollte man eine möglichst ablenkungsfreie Umgebung wählen, damit sich alle Beteiligten auf die neue Aufgabe konzentrieren können und es sich nicht unnötig schwer machen. Sobald die Aufgabe jedoch klar ist, ist es wichtig, dem Hund das Training mit dem damit verbundenen Futtererwerb nur noch draußen anzubieten, idealerweise und in diesem Fall nur noch im Wald. Denn jetzt bekommt der Hund eine Alternative zu seinem sonst gezeigten Verhalten angeboten. Er hat die Wahl: Sich aus dem Staub machen oder auf das Angebot seines Menschen eingehen und dafür mit Jagdspielen und anschließendem Futtererfolg belohnt werden? Der Wald wird so zu einem spannenden Kommunikationsfeld zwischen Mensch und Hund!

Auf der Jagd

Die Lieblingsbeschäftigung unzähliger Hunde ist deren Haltern ein Dorn im Auge: das Jagen! Und Jagen tun bzw. könnten sie alle, egal ob Jagdhundrasse oder Promenadenmischung. Aber warum jagen unsere Haushunde überhaupt? Schließlich sind sie von uns Menschen doch bestens versorgt; sie bekommen täglich ihren Napf gefüllt und haben deswegen den Himmel auf Erden, oder? Von einer biologisch-funktionalen Jagd, die das Überleben des jeweiligen Hundes sichert, kann jedenfalls nicht mehr die Rede sein. Es ist eigentlich ganz einfach, denn die Jagd macht Hunden viel Spaß. Dabei ist es egal, ob die Beute tatsächlich erwischt wird oder fliehen kann. Manche Hunde wissen auch gar nichts mehr mit der Beute anzufangen und würden eher mit der Maus spielen als sie zu fressen. Das liegt daran, dass Hunde durch Zuchtauslese auf bestimmte Teile der Jagd spezialisiert wurden und dementsprechend andere Teile nicht mehr zum Verhaltensrepertoire gehören. Pointer pirschen sich beispielsweise an die Beute an und zeigen durch ihr Vorstehen (das Anheben eines Vorderlaufs) an, dass sie auf etwas gestoßen sind. Bei Windhunden ist das Hetzen und Packen der Beute viel ausgeprägter. Nordische Rassen zeigen oft noch sehr ursprüngliches Verhalten und damit komplette Jagdsequenzen. Das bedeutet, die Beute zunächst zu lokalisieren, zu orten, um sie anschließend zu fixieren. Um möglichst nah heranzukommen, pirschen sich die Beutegreifer so lange an, bis sie glauben, das Objekt der Begierde erwischen zu können. Dann, oder wenn die Beute sich bewegt, setzt der Hund zum Sprint an – oder zum sogenannten Mäuselsprung, bei dem er in die Luft springt, um dann mit allen vier Pfoten auf der in diesem Fall

kleinen Beute zu landen. Sobald die Beute erwischt ist, egal ob durch Hatz oder Sprung, erfolgt das Packen und schließlich das Töten der Beute. Mäuse sind oft schon durch den Aufprall der Hundepfoten tot, Beutetiere in Hasengröße werden geschüttelt , was ihnen die Wirbelsäule bricht. Größere Beutetiere sterben an diversen Bissverletzungen. Auch wenn sich das für uns ziemlich brutal anhört und keine schöne Vorstellung ist, für Hunde ist das ein Instinkt, also ganz normales arttypisches Verhalten. Die meisten Hunde beschränken sich auf das Orten und Verfolgen und führen weitere Jagdsequenzen nicht mehr aus. Genau dieses Verfolgen ist es nämlich, was unsere Vierbeiner beim Jagen so mit Glück erfüllt! Ausgelöst wird die Jagd oft durch die Bewegung des Beutetiers. Solange ein Hase regungslos im Feld sitzt, ist er meist gar nicht so spannend.
Da das Jagen für Hunde das Selbstverständlichste auf der Welt ist, ist auch naheliegend, wie frustrierend es für unsere Vierbeiner sein muss, wenn ihnen das von ihren Menschen immer nur verboten wird. Aber Menschen können immerhin Alternativen schaffen! Mit Ersatzbeute (Spielzeug, Dummies etc.) und der gemeinsamen Jagd darauf können Spaziergänge abwechslungsreich gestaltet werden. Zu beachten ist jedoch, dass sich die Ersatzbeute auch wie Beute „benehmen" sollte, um interessant zu sein. Konkret bedeutet das, dass der Ball oder das Dummy an einer Schnur eben nicht auf den Hund zufliegen sollte, denn welches Reh läuft schon auf seinen Verfolger zu? Erst die Bewegung weg vom Hund löst bei diesem den Impuls des Hinterherlaufens aus und macht es dann erst richtig spannend für ihn!

Ohne Worte!

Dibo – Alles unter seiner Kontrolle

Vorgeschichte – Vom Sträfling zum Staatsanwaltshund

Die neue Herausforderung der Familie Bartz: Dibo.

Dibo befindet sich aufgrund einer Sicherstellung hinter Gittern, als Magdalena und Stephan Bartz ihn das erste Mal im Tierheim besuchen. Und es war Liebe auf den ersten Blick bei allen Beteiligten! Der jugendliche Herr wurde in der nächsten Zeit oft ausgeführt, damit sich alle besser kennenlernen konnten, und schnell war klar: Dibo wird das neue Familienmitglied! Aber nicht nur von seiner Art und vom Wesen her passt Dibo wunderbar zu seinen neuen Menschen, auch farblich integriert er sich hervorragend. Denn zu seiner neuen Familie gehören bereits zwei weiße Pferde, und wenn man Autos auch dazuzählen möchte, gibt es dieses Exemplar im Hause Bartz natürlich auch in Weiß!

Problem – Unvereinbarkeit der menschlichen Interessen

Magdalena und Stephan Bartz sind glücklich mit ihrem Neuzuwachs! Jetzt müssen sie nur noch ein bisschen üben, um mit ihrem Dogo-Argentino-Mix den Test für die Leinen- und Maulkorbbefreiung zu bekommen und um aus ihrem Liebling einen zuverlässigen Reitbegleithund zu machen. Letzteres ist jedoch leichter gesagt als getan, denn Dibo entpuppt sich als wildes Tier, wenn ein Pferd in seine Nähe kommt. Ganz schlimm wird es, wenn sich einer seiner Menschen dreisterweise auch noch auf dem Pferd befindet. Dann hört seiner Meinung nach der Spaß auf! Er springt in die Leine und tobt wie wild. Zum Glück hat er sich noch nie losgerissen, und die Tatsache, dass er einen Maulkorb trägt, beruhigt etwas. Der Traum vom friedlichen und entspannten Ausritt mit Hund ist jedenfalls geplatzt, und es stellt sich die Frage, ob Hund und Pferd jemals unter einen Hut gebracht werden können.
Ganz nebenbei fängt Dibo auch noch an, die Wohnungseinrichtung zu zerlegen, wenn er allein zu Hause bleibt. Er spezialisiert sich dabei auf weiche Textilien wie Teppiche oder Kissen, und als alles entfernt wird, muss eben das Polster des Sofas daran glauben. Doch das ist zu viel des Guten, und es muss sich dringend etwas verändern.

Faible für weiße Tiere! Allerdings hat Frau Bartz ihr Pferd momentan noch besser im Griff als ihren Hund Dibo. Dieser trägt zur Sicherheit noch einen Maulkorb, da man nicht weiß, ob er das Pferd tatsächlich verletzen würde.

Martin Rütter zu Besuch

DER HUNDE PROFI

Auch wenn die Hauptsorge die Unvereinbarkeit von Pferd und Hund ist, ist es immer ratsam, sich ein Bild der gesamten Situation zu machen. So bekommt man als Hundetrainer ein facettenreiches Bild sowohl des Hundes als auch seiner Menschen und vor allem von deren Zusammenleben und Umgang miteinander. Und je mehr Informationen man über alle Beteiligten hat, desto genauer kann der Trainingsplan erstellt werden. Deshalb findet das erste Treffen mit Martin Rütter auch nicht direkt am Pferdestall, sondern zunächst in den eigenen vier Wänden statt. Dibo ist bei dieser Visite unruhig und läuft viel umher. Das ist jedoch beim Besuch völlig fremder Menschen und der Aufregung, die ein Kamerateam mit sich bringt, durchaus normal. Trotzdem fällt auf, dass Dibo ein bisschen unstrukturiert wirkt. Auch kein Wunder, befindet er sich doch gerade erst ein paar Wochen in seinem neuen Zuhause.

Beutegreifer trifft Fluchttier

Nach diesem ersten Eindruck und dem Aufnehmen aller bisherigen Dibo-Schandtaten, geht es gemeinsam zu den großen weißen Tieren, die ein paar Kilometer weiter untergebracht sind. Was beim Zusammentreffen von Beutegreifer Dibo mit Fluchttier Picasso, so heißt das Pferd von Frau Bartz, besonders auffällt, ist Picassos Gelassenheit. An Flucht scheint das Pferd

Tipp

Strukturen geben Sicherheit

Anstatt seinem Hund alle Freiheiten zu geben, ist es am Anfang ratsam, klare Regeln und Strukturen aufzustellen, damit der Hund nicht jeden Tag aufs Neue herausfinden muss, was heute gilt. Klare Ansagen dem Hund gegenüber werden von Menschen oft als gemein empfunden, dabei ist das Gegenteil der Fall. Halten Sie sich z. B. in einem fremden Land auf, dann ist es Ihnen doch auch lieber, wenn Sie den Verhaltenskodex nicht erst mühsam erforschen müssen.

Dibo fixiert das Pferd ...

... um im nächsten Moment zum Angriff überzugehen.

Doch wie sich herausstellt, geht es Dibo nicht ausschließlich um das Pferd. Seine „Ausraster“ zeigt er auch, wenn Frau und Herr Bartz ohne Pferd unterwegs sind.

nicht einmal zu denken. Und obwohl Dibo wie ein Flummi vor ihm auf und ab springt, es offensichtlich auch auf ihn abgesehen hat, bleibt Picasso die Ruhe selbst. Das sind schon mal die besten Voraussetzungen für ein erfolgreiches Pferd-Hund-Training. Denn wenn beide Tiere nervös und gestresst sind, hat man denkbar schlechte Karten.
Martin Rütter macht ein paar Tests, um ein genaueres Bild zu bekommen. Es gilt herauszufinden, ob Dibos Aufregung tatsächlich durch das Pferd ausgelöst wird oder etwa durch das Wegbewegen und die Dynamik seiner Menschen. Und wie verhält sich Dibo, wenn eine fremde Person das Pferd vorbeiführt?

Tipp

Maulkorbgewöhnung

Tragen Hunde bei Tests einen Maulkorb, sollten sie bereits sehr gut an ihn gewöhnt sein. Das „Fremdkörpergefühl" kann das Testergebnis nämlich insofern verfälschen, dass ein Hund durch einen störenden Maulkorb zu stark vom Geschehen abgelenkt wird und dementsprechend viel gemäßigter reagieren könnte, als er es eigentlich tun würde.

Kontakt mit anderen Vierbeinern

Um noch genauer herauszufinden, wie Dibo „tickt", werden die drei zu einem zusätzlichen Termin nach Bonn auf die Trainingswiesen bestellt. Hier trifft Dibo fremde Hunde, sowohl Rüden als auch Hündinnen, die auf der anderen Seite des Zauns frei laufen. Dibos Verhalten ihnen gegenüber soll beurteilt werden. Aber nicht nur das, auch seine Reaktion darauf, wenn sich Herrchen und Frauchen mit dem anderen Hund beschäftigen. Gibt es Aggressionen oder Eifersuchtsszenen? Nein, alles ganz harmlos. Was andere Hunde angeht, ist Dibo entspannt. Auch gegenüber fremden Menschen verhält er sich freundlich. Das sind wichtige Punkte in Bezug auf den bevorstehenden Test zur Leinen- und Maulkorbbefreiung.
Zügig kann die Hündin von der anderen Seite des Zauns auf die Wiese kommen. Und auch auf den Maulkorb kann schnell verzichtet werden. Denn an der gesamten Körpersprache kann

Dibo ist sehr interessiert an Hündinnen. Mit Aggression muss man bei diesem Zusammentreffen nicht rechnen.

Info

Leinen- und Maulkorbbefreiung

Bei dieser Prüfung wird das Verhalten von Hunden in alltäglichen Situationen überprüft. Weiterhin wird darauf geachtet, wie der Hundehalter seinen Hund durch solche Situationen führt und inwieweit er seinen Hund unter Kontrolle hat. Was jedoch genau unter „alltäglichen Situationen" zu verstehen ist, kann von Bundesland zu Bundesland oder sogar von einem zuständigen Bezirk zum nächsten variieren. Typische Beispiele sind das Reagieren auf Radfahrer und Kinderwagen, auffällig gekleidete oder spontan auftauchende Personen oder auf das Bedrängtwerden von fremden Menschen. Aber auch der Grundgehorsam gehört dazu.

man erkennen, dass Dibo sehr freundlich ist. Mit Aggressionen muss man hier nicht rechnen. Das ändert sich, als ein Rüde auf der anderen Seite des Zauns erscheint, denn nun treffen zwei Konkurrenten aufeinander, die beide Interesse an potenziell zur Verfügung stehenden Hündinnen haben. So lässt ein Knurren und Zähnefletschen nicht lange auf sich warten, wobei hier nicht Dibo der Aggressor ist. Er würde sich sicher wehren, wenn es zu einer ernsten Situation kommen würde, doch er ist kein Hund, der die Auseinandersetzung mit anderen sucht. Auch bleibt er nicht lange in einem angespannten Zustand, sondern entspannt sich schnell wieder.

Vorsichtig nähert sich Dibo der Konkurrenz – einem anderen Rüden. Der wiederum stellt klar, dass er keinen Wert auf näheren Kontakt legt.

Analyse – Anders als gedacht

Nach all diesen Tests ergibt sich für Herrn und Frau Bartz ein überraschendes Bild: Zwar findet Dibo Pferde ganz interessant, das ist nichts Neues. Viel spannender sind für ihn aber generell dynamische Bewegungen, vor allem, wenn seine Menschen anfangen zu laufen und zu hüpfen. Wenn Dibo die Wahl hat, einem Pferd hinterherzubellen oder seinen hin und her springenden Menschen, entscheidet sich der Dogo-Argentino-Mix für die Menschen. Ihn macht es regelrecht wütend, dass seine Menschen so unkontrolliert durch die Gegend laufen, und wenn er könnte, würde er sie am liebsten mit Anspringen korrigieren und sie wieder zum Stehen bringen.
Auch als Herr und Frau Bartz im Bonner „Zentrum für Menschen mit Hund“ mit dem fremden Hund spielen, ist Dibo zwar interessiert, aber im anschließenden Freilauf immer noch freundlich und in keiner Weise an einer Maßregelung seiner Menschen interessiert, wie es bei den Pferden der Fall war. Allerdings offenbart sich ein nicht bekanntes Verhalten bei Dibo. Bisher schien er überhaupt kein sexuelles Interesse anderen Hunden gegenüber zu haben, hier schnuppert er bei der Hündin aber ausgiebig im Genitalbereich und zeigt leichte Ansätze von Aufreitverhalten.

Dibo möchte so gern zu seinen Menschen. Er soll aber lernen, dass dies für ihn nicht immer möglich ist.

Beim ersten Besuch von Martin Rütter zu Hause hatte sich gezeigt, dass Dibo noch nicht ganz dort angekommen ist, noch etwas strukturlos von A nach B läuft usw. Doch Dibo reagiert gut auf das Training und ist lernwillig. Was die Beziehung von Dibo zu Herrn und Frau Bartz und zu den Pferden angeht, muss jedoch noch einiges an Arbeit und Training geleistet werden, um aus Dibo ein Familienmitglied zu machen, das am Pferd mitlaufen kann und überallhin mitgenommen werden kann.

Pause für Magdalena und Stephan Bartz. Martin erläutert dem Fernsehzuschauer derweil das bisher Geschehene.

Training – Mit Frust umgehen lernen

Als Grundvoraussetzung zu mehr Gelassenheit muss zunächst Dibos Frustrationstoleranz erhöht werden. Das kann durch verschiedene kleine Gesten im Alltag geschehen oder, wie auf den eingezäunten Wiesen in Bonn, durch eine konkrete Übung. Frust entsteht, wenn nicht das passiert, was der Vierbeiner will oder erwartet. Da Dibo zu Hause viel hinterherläuft oder bei den Pferden seine Menschen korrigieren möchte, soll er lernen, dass er nicht ständig beliebigen Zugriff auf seine Halter hat. Dazu wird er am Zaun festgebunden und Herr und Frau Bartz entfernen sich in kleinen Teilschritten von ihm. Sobald Dibo merkt, dass er nicht so einfach hinterherkann, entsteht Frust bei ihm, den er mit Winseln oder In-die-Leine-Beißen kompensiert. Magdalena und Stephan Bartz haben nun die Aufgabe, sich Dibo erst dann wieder anzunähern, wenn dieser entspannt ist,

Dibo beschwert sich zuerst lautstark über die Distanz zwischen ihm und seinen Menschen, bevor er sich dann doch für ruhiges und abwartendes Verhalten entscheidet.

Da alles Aufregen nicht zum Erfolg führt, kann man sich auch ebenso gut hinlegen und anschließend entspannen.

sprich, wenn er nur so dasitzt oder im Idealfall liegt. Dadurch lernt Dibo, dass er mit lautstarken Äußerungen und Unruhe nichts erreicht; er bekommt einfach nicht die Aufmerksamkeit seiner Menschen. Ist er aber ruhig, abwartend und entspannt, hat er gute Chancen, dass man sich wieder um ihn kümmert. Zu Beginn ist das ein sehr zeitaufwendiges Training, da der eine oder andere Hund ein unglaubliches Durchhaltevermögen unter Beweis stellen kann. Ist das Prinzip erst einmal verstanden, entspannen sich Hunde ziemlich schnell. Geduld ist hier der Schlüssel zum Erfolg!

Entspannung auf der Decke

Auch zu Hause kann an der Erhöhung von Dibos Frustrationstoleranz gearbeitet werden. Er muss von nun an häufiger auf seiner Decke bleiben und darf nicht ständig hinterherlaufen. Dibo hat das schnell begriffen, weil für ihn nur Vorteile damit verknüpft sind. So wird er nicht mit einem bereits angenervten Tonfall auf die Decke geschickt, wenn er das Hinterherlaufen mal wieder übertreibt, sondern er soll selbst die Erfahrung machen, dass für ihn die Decke ein optimaler Aufenthaltsort ist. Legt er sich woandershin, kann er komischerweise nie lange dort liegen bleiben, weil ausgerechnet gerade dort gewischt werden muss oder jemand die Schublade hinter ihm aufzieht. Alles Maßnahmen, um es Dibo unbequem zu machen, ohne ihn mit Aufmerksamkeit zu überschütten.

Tipp

Bezugsperson im Training

Wenn zwei oder mehr Personen beim Üben mit dem Hund anwesend sind, ist es ratsam, dass jeweils nur eine das Sagen hat. Denn wenn die eine Person beispielsweise ein „Bleib" ausspricht und eine andere dieses Signal wieder auflöst, kann das zu Unklarheiten beim Training und zur Verwirrung beim Hund führen. Ist ein Trainingsdurchgang beendet, kann beim nächsten gern die andere Person das Training übernehmen.

Schnell begreift Dibo, dass er seine Ruhe offensichtlich nur haben kann, wenn er auf seiner Decke liegt. Und siehe da, jetzt kommen ihn seine Menschen sogar mal besuchen, streicheln ihn oder bringen Leckereien vorbei. Da das sonst nicht passiert, sucht Dibo ganz automatisch von sich aus seine Decke auf.

Signal „Bleib"

Dibo lernt, auf das Signal „Bleib" zuverlässig auszuharren, egal was um ihn herum passiert. Auch hier geschieht das Training natürlich in kleinen Schritten. Zunächst entfernen sich seine Menschen nur ein paar Schritte, dann immer weiter in einem größeren Radius um ihn herum. Dann wird das Ganze erschwert, indem reizvolle Dinge in Dibos Blickfeld gelangen, er aber trotzdem liegen bleiben muss. Das kann der Lieblingshundekumpel sein oder ein Schweineohr – Dibo soll bleiben. Tut er das, wird er selbstverständlich reich belohnt, denn es soll für ihn nur von Vorteil sein, sich auf das „Bleib" einzulassen. Dann werden seine Menschen immer dynamischer, während Dibo bleibt, und zu guter Letzt werden an Dibo Pferde vorbeigeführt, mit und ohne Reiter. Das klappt überraschend gut, sodass der Rüde schon bald an der Leine neben dem Pferd her geführt wird, auch das in kleinen Teilschritten. Während Frau Bartz Picasso führt, hat Herr Bartz Dibo an der Leine. Erst mit, dann ohne Maulkorb. Dann reitet Frau Bartz auf Picasso, Herr Bartz hält Dibo an der Leine, auch wieder erst mit, später ohne Maulkorb. Die Rollen werden gewechselt, und Dibo ist gleichbleibend ruhig, egal wer auf dem Pferd sitzt. Zusätzlich wird er an der Leine mit in den Stall genommen, während die Pferde für den Ausritt zurechtgemacht werden; er liegt neben dem Paddock, in dem sich die Pferde aufhalten usw. Langsame Gewöhnung Schritt für Schritt!

Eine gute Zukunft in Sicht

Da die Übungen wunderbar funktionieren, wagen Magdalena und Stephan Bartz den nächsten Schritt, vorsichtshalber auch wieder mit Maulkorb: Jeder besteigt sein Pferd und sie lassen Dibo nebenhergehen – es funktioniert! Jetzt nur nicht übermütig werden, denn gleich loszutraben oder zu galoppieren könnte das schöne Erfolgserlebnis wieder zunichte machen. Aber die beiden machen alles richtig und haben ein gutes Gespür dafür, wann man Dibo mehr zumuten kann und wann man besser aufhören sollte. In nächster Zeit muss Dibo nur noch lernen, am Pferd konzentriert bei Fuß zu gehen. Ohne Pferd klappt das bereits ganz gut. Durch die räumlichen Einschränkungen, die Dibo erfahren hat, die klaren Signale, die er von seinen Menschen empfängt, und die Beanspruchung durch das Training, lässt auch seine Zerstörungswut beim Alleinbleiben nach. Alles in allem ein schönes Beispiel dafür, was man nach einigen Wochen ganzheitlichem Training alles erreichen kann. Fast unnötig zu sagen, dass Dibo auch den Test zur Leinen- und Maulkorbbefreiung bestanden hat!

Dibo hat andere spannende Dinge in seiner Umwelt entdeckt. Das Pferd hinter ihm interessiert ihn jedenfalls nicht mehr.

Sam – Auf Bewährungsprobe

Vorgeschichte – Ein großer Wunsch wird endlich wahr

Babette Utsch wollte schon immer einen Hund. Ihr Mann Michael musste ein bisschen überredet werden, willigte aber nach gewisser Hartnäckigkeit seiner Frau ein. Im April letzten Jahres war es dann so weit: Sam zog ein! Er war zu diesem Zeitpunkt erst sechs Monate alt, hatte allerdings schon drei Vorbesitzer. Sein Leben war bis dahin nicht immer glücklich verlaufen, denn er ist zudem noch ein Hund aus sogenannter schlechter Haltung. Wer würde da beim Anblick dieses Halbstarken kein Mitleid empfinden? Also kommt Sam zu Utschs nach Siegen. Anfangs sieht alles ganz gut aus. Aber so ist das häufig in der ersten Zeit, denn alle müssen sich erst kennenlernen und aneinander gewöhnen. Sam ist dementsprechend vorsichtiger und zurückhaltender, bevor dann nach der Eingewöhnungsphase sprichwörtlich die Sau rausgelassen wird.

Problem – Paradebeispiel eines Problemhundes

Inzwischen ist es Sommer, Sam ist seit ca. vier Monaten in seinem neuen Zuhause, und Frau und Herr Utsch befürchten, dass sich Sam bald an einen fünften Besitzer gewöhnen muss, wenn es so weitergeht. Das Ergebnis aus Sams Anwesenheit lässt sich kurz gefasst unter „zerstörtem Inventar“ zusammenfassen. Zu seiner Bilanz gehören nicht nur etliche Bücher, die er aus den Regalen gerissen hat – um sie dann selbstverständlich aufs Ordentlichste zu zerfetzen. Er macht auch vor Bildern keinen Halt, vom Herausreißen diverser Rollos aus deren Halterungen ganz zu schweigen. Aber es geht noch weiter: Die Rückwand des Aquariums musste daran glauben, ebenso wie diverse Tischbeine. Das passiert nicht nur, wenn er allein ist. Sam hat wenig Bedenken, Sachen einfach zu klauen und zu demolieren. All das führt dazu, dass es bei Familie Utsch selbst im Hochsommer weihnachtlich aussieht, denn die Alufolie, die zum Schutz um Bücherregale und Tischbeine gewickelt wurde,

Im Hause Utsch klitzert und funkelt es – nicht nur in der Weihnachtszeit. Alufolie schützt die Tischbeine vor Sams Zerstörungswahn.

glänzt und funkelt überall im Haus. Eine etwas andere Deko eben! Aber wer glaubt, dass Sam draußen dafür brav und lieb ist, irrt ge-waltig. Nicht, dass er nur andere Hunde tierisch beschimpft, er bellt auch gern Zweibeiner an. Dabei entwickelt er so viel Energie, dass er Frau Utsch schon mehrfach Wirbel ausgerenkt hat, und selbst Herr Utsch, der mit seinen zwei Metern Körpergröße einiges dagegenhalten kann, hat Schwierigkeiten, Sam zu halten. Ohne Leine sind seine Pöbeleien zwar geringer, aber dann hört er nur, wenn es ihm gerade passt. Letztendlich liefert Sam fast alles, was ein „Problemhund“ so können muss, und Utschs müssen leider einsehen, dass bei Sams Anschaffung eindeutig das Herz über den Verstand gesiegt hat. Zunächst herrscht noch das Motto „Augen zu und durch“ vor, aber als sie dann auch noch aus einer Hundeschule hinausfliegen, wird die Verzweiflung immer größer. Und so bekommt das Zusammenleben mit Sam eine Frist gesetzt. Wenn sich in den nächsten sechs Monaten nicht merklich etwas verändert, muss schweren Herzens eine Trennung erfolgen.

Martin Rütter zu Besuch

DER HUNDE PROFI

Da Sam quasi die ganze Palette von Problemen im Zusammenleben mit Hunden liefert, muss Martin Rütter zunächst einmal genauer differenzieren, um was es wirklich geht. Als ein Element wird die Bindung zwischen Sam und seinen Menschen getestet. Dafür sollen sich Frau und Herr Utsch auf einer Wiese voneinander entfernen und ihren Hund abwechselnd rufen. Da Sam ein großer Fan von Bällen ist, bekommt in einer zweiten Runde erst der eine, dann der andere einen Ball als Lockunterstützung in die Hand. Das Abrufen wird damit wiederholt. Sam ist ziemlich aufmerksam und kommt brav angelaufen. Die Person, die den Ball in der Hand hat, ist dabei nur ein wenig im Vorteil. Als Nächstes folgt der sogenannte Wechsellauf. Frau und Herr Utsch gehen gemeinsam zügigen Schrittes über die Wiese, und zwar mit der Aufgabe, Sam nicht sehen zu wollen. Kommt ihr Hund also in ihre Nähe oder überholt er sie sogar, wechseln Utschs abrupt die Richtung, ohne Sam dabei zu beachten. Das wird mehrfach wiederholt, sodass daraus der Verlauf der Richtungsänderungen durchaus als ein „Hakenschlagen“ bezeichnet werden kann.

Sam nimmt schnell Kontakt zu Martin und dem Kamerateam auf.

Info

Wechsellauf

Hier verhalten sich Menschen, aus Hundesicht betrachtet, stark territorial, da sie den Ort ganz selbstverständlich für sich einnehmen. Beim Wechsellauf denkt der Hund zuerst, es würde in eine bestimmte Richtung weitergehen, und läuft deshalb schon mal vor. Sobald er jedoch überholt, wechseln die Zweibeiner die Richtung. Meist läuft der Hund dann etwas verdutzt wieder zurück, an seinen Menschen vorbei nach vorn. Da die Hundehalter jetzt schon wieder die Richtung verändern, finden das viele Hunde frech. Frust macht sich breit, weil sie verunsichert sind, in welche Richtung es weitergeht. Dieser Stress veranlasst einige dazu, ihre Menschen zum Stehen zu bringen. Denn wenn die Zweibeiner brav im „Bleib" auf der Wiese sind, kann sich der Hund prima mit anderen Dingen beschäftigen: Spielen, Schnuppern etc. Setzen sich die Menschen jedoch in Bewegung, geht das alles nicht mehr. Denn auch die Hunde möchten ihre Menschen im Auge behalten. Wie Hunde ihre Menschen stoppen, unterscheidet sich. Manche schneiden ihnen genau vor den Füßen den Weg ab, viele springen ihre Menschen an, und ein paar beißen in das Hosenbein oder den Jackenärmel. Es gibt aber auch Hunde, die in diesem Szenario ihren Menschen nicht korrigieren, sondern einfach abwartend beobachten, was die Zweibeiner so tun, oder einfach stumpf hinterhertippeln, ohne Ansätze zu zeigen, die Richtung angeben zu wollen.

Analyse – Gute Bindung, aber keine Geduld

Beim Wechsellauf maßregelt Sam seine Menschen nicht. In den Pausen, die bei Dreharbeiten entstehen, bleibt er unaufgefordert in der Nähe seiner Menschen. All das wird als äußerst positiv bewertet, wenn es um die Beziehung zwischen Mensch und Hund geht. Jetzt wird das Anpöbeln genauer unter die Lupe genommen. Es zeigt sich, dass Sam nicht artspezifisch aggressiv ist, also dass er nicht ein spezielles Problem mit anderen Hunden hat. Vielmehr ist er furchtbar ungeduldig, wenn er nicht seinen Willen bekommt, was an der Leine natürlich ganz schnell passiert. Und diese Ungeduld äußert sich dann in Frustrationsaggressionen. Gehen seine Menschen jedoch gezielt in eine andere Richtung, sobald Sam zu bellen beginnt, folgt er ihnen sofort, ohne ein weiteres Anpöbeln entgegenkommender Hunde. Auch beim Thema Ball ist es dasselbe. Bekommt er ihn nicht sofort, wird Sam sauer. Seine Frustrationstoleranz ist nicht gerade die größte!

Training – Vorzeigehund oder Vollchaot, dazwischen gibt's nichts

Aus den erfolgten Tests ergeben sich folgende Hausaufgaben: Sam soll an einer Bank, einem Baum oder etwas anderem Passenden angebunden werden, seine Menschen bleiben neben ihm stehen. Nähert sich jemand, bei dem Sam Anstalten macht, sich aufzuregen und zu bellen, sollen Utschs von ihm weggehen, um ihm zu zeigen, dass die Menschen an einem solchen Verhalten nicht interessiert sind. Zusätzlich erlebt Sam, dass er dann plötzlich allein dasteht. Ist er dagegen ruhig, soll er reichlich gelobt werden. Des Weiteren soll das Apportieren des Balls zur Beziehungsklärung genutzt werden. Sam soll den Ball erstens vernünftig zurückbringen und ihn zweitens auch freiwillig hergeben. Das wird mit einem Tauschgeschäft trainiert. Gibt Sam den einen Ball her, fliegt ein anderer zur Belohnung. Ist Sam wenig kooperativ, dreht man sich einfach um und geht.

Herr und Frau Utsch gehen erst wieder zu Sam zurück, wenn dieser sich ruhig und anständig verhält.

Da Sam durchaus Interesse an seinen Menschen hat, kann man mit dem Entfernen bzw. Ignorieren bei ihm auch viel erreichen. Ein bisschen irritiert von der Tatsache, dass Sam bei Martin Rütters Tests so gut mitgemacht hat, aber auch glücklich und motiviert beginnen Utschs in den nächsten Tagen das Training. Doch was bei der Anwesenheit von Martin so wunderbar funktioniert hat, stellt sich in der nächsten Zeit als Schwierigkeit heraus. Sam scheint total vergessen zu haben, dass er bei Hundebegegnungen auch schon einmal anständig reagiert hat. Immerhin gibt es beim Apportieren Fortschritte.

Im Training klappt alles sehr gut. Sam verhält sich ruhig und gelassen.

Weitere Hundebegegnungen

Das nächste Mal treffen sich Familie Utsch und Martin am Rheinufer in Köln. Hier soll die besagte Hausaufgabe noch einmal ganz strukturiert wiederholt werden.

Sam wird also wieder an einem schweren Baumstamm befestigt und in großer Distanz erscheint eine Mitarbeiterin mit ihrem Hund. Solange sich Sam ruhig verhält, wird er belohnt. Auf Leckerchen hat er an diesem Tag keine Lust, also kann die Belohnung nur über Lob oder Streicheln erfolgen. Auch ein Spiel mit dem geliebten Ball ist für Sam eine gute Belohnung. Schrittweise kommt der fremde Hund immer näher. Jetzt wird Sam nicht sofort für ruhiges Verhalten belohnt, sondern erst, wenn er tatsächlich eine Weile ruhig geblieben ist. Es geht ja nicht darum, ihn mit Belohnungen von dem anderen Hund abzulenken. Sam soll im Gegenteil gerade registrieren, dass sich da ein weiterer Vierbeiner annähert. Und er soll die Entscheidung treffen, dass er sich trotzdem ruhig verhält, erst dann gibt es Belohnungen.

Sam ist im Training mit Martin Rütter ein echter Vorzeigehund! Zwar knatscht er auch mal zwischendurch, das wird aber einfach ignoriert. Und die wenigen Male, die er doch bellt, entfernen sich Utschs wieder. Schnell ist Sam daraufhin ruhig. Auch mit anderen, ihm fremden Hunden in mehreren Durchläufen funktioniert alles ganz wunderbar.

Wichtig

Training und Alltag

Solche gestellten Trainingssequenzen unterscheiden sich stark von Alltagssituationen, was die Strukturiertheit und die Dosis des jeweils fraglichen Reizes angeht. Im Training kann man den bestellten Hund immer genau so weit herankommen lassen, wie es für Sam gerade gut und richtig ist. Dadurch kann Sam optimal lernen. Im Alltag ist das natürlich deutlich schwieriger, weil man den entgegenkommenden Hund nicht unbedingt dirigieren oder auf Abstand halten kann. Deshalb ist es wichtig, dass man zum einen ein sehr regelmäßiges kontrolliertes Training ermöglicht, zum anderen sollte man sich in dessen Verlauf auch immer mehr klassischen Alltagssituationen annähert.

Im Training ein Musterknabe, zu Hause ein Flegel

Utschs wundern sich allmählich über ihren Hund. Weiß Sam etwa, wann die Kamera läuft, und benimmt sich deswegen so vorbildhalft? Er tut nämlich fast so, als ob er kein Wässerchen trüben könnte. Aber wie gesagt, die strukturierte Situation und das sehr gute Timing im Umgang mit Sam unterstützen den positiven Trainingsverlauf. Zu Hause sieht leider alles ganz anders aus. Aus Sam wird wieder der anstrengende Hund, der Babette Utsch zum Stürzen bringt. Die Trainingspartner in der Nachbarschaft gehen aus, denn sobald Sam die Hunde einmal kennt, verhält er sich ihnen gegenüber viel ruhiger. Erschwerend kommt hinzu, dass im Herbst die Tage kürzer werden und damit auch die Zeit zum Üben immer weniger wird. Frau Utsch kommt zwar noch bei Tageslicht nach Hause, traut sich aber mit Sam kaum noch vor die Tür. Und wenn Herr Utsch von der Arbeit zurückkehrt, ist es bereits dunkel. Zu Hause scheint alles noch schlimmer zu werden. Sam rast durch das Haus und reißt dabei alles mit, was auf Tischen und Schränken steht. Er ist zwar gut an eine Box gewöhnt, aber Utschs wollen Sam verständlicherweise nicht ausschließlich in der Box halten. Die Situation spitzt sich für Utschs zu. Was aber den Druck, endlich Erfolge zu erzielen, vor allem erhöht, ist die Tatsache, dass sich bei Utschs Nachwuchs angekündigt hat. Mit ein Grund, warum nun Frau Utsch erst recht Bedenken hat, mit Sam vor die Tür

Sam ist ein junger, ungestümer Hund, der einen Menschen braucht, an dem er sich orientieren kann.

Nicht immer stimmen die Bedürfnisse von Mensch und Hund überein. Dann ist es oftmals besser, sich zu trennen als jahrelang unter der Beziehung zu leiden.

zu gehen. Nicht auszumalen, wenn dadurch die Gesundheit des Babys gefährdet würde. In den nächsten Wochen plagen Utschs viele Gedanken Sams Zukunft betreffend. Gerade Frau Utsch, die unbedingt einen Hund wollte, hat ein schlechtes Gewissen, wenn sie über die Abgabe von Sam nachdenkt. Doch es hilft alles nichts.

Ein neues Zuhause für Sam

Nach reiflichen Überlegungen und viel Hin und Her steht der Entschluss fest: Sam muss ein neues Zuhause finden. Dieses Mal aber ganz klar eines, wo er auch für immer bleiben kann. Und bis es so weit ist, darf Sam natürlich weiterhin bei Familie Utsch in seiner gewohnten Umgebung wohnen bleiben. Es ist sehr schade, dass sich nun doch alles in diese Richtung entwickelt hat.

Für Sam wurde ein neues Zuhause gefunden, in dem er endgültig bleiben darf.

Aus Hundetrainersicht handelt es sich keinesfalls um einen Hund, der abgegeben werden muss. Aber selbstverständlich müssen auch alle Umstände und Alltagsquerelen mit einbezogen und die Entscheidung, sich von Sam zu trennen, respektiert werden. Was bleibt, ist davor zu warnen, sich überhastet einen Hund anzuschaffen oder gar aus Mitleid einen Hund aus schlechter Haltung zu „befreien“. Damit ist letztendlich keinem geholfen.

Nichtsdestotrotz muss gesagt werden, dass es manchmal besser sein kann, wenn sich Hund und Halter trennen, anstatt ein jahrelanges unglückliches Dasein zu fristen. Es muss in jedem Einzelfall abgewogen werden, was die beste Entscheidung für alle Beteiligten ist. In Sams Fall hat sich ein Mensch gefunden, der ihn trotz seiner „Macken“ bei sich aufnimmt und das Training fortsetzt, das Utschs begonnen haben.

Überlegungen vor dem Hundekauf

Bevor ein Hund einzieht, werden alle möglichen Überlegungen angestellt – oder so sollte es zumindest sein. Neben organisatorischen und logistischen Faktoren sollte die größte Rolle spielen, welchen Hund man sich aussucht. Und da ist es nur von Vorteil, wenn man sich rechtzeitig, vor der Anschaffung eines Hundes, überlegt, wer am besten zu einem passt. Schließlich handelt es sich um ein Lebewesen, das einen viele Jahre begleiten wird.

„Süß" als Kriterium reicht für eine erfolgreiche Partnerschaft nicht aus. Viel wichtiger ist, welche Interessen und Bedürfnisse der Hund hat und ob man diesen gerecht werden kann. Wurde ein Hund beispielsweise für das Arbeiten an Schafsherden gezüchtet, ist es seinen Menschen kaum möglich, sich eine solche Herde anzuschaffen. Aber man kann sehr wohl Alternativen bieten. Denn eins ist klar: Darf solch ein Hund nicht „arbeiten", bleiben Unarten nicht aus. Geistige Auslastung ist übrigens für jeden Hund wichtig. Sprechen Sie mit den Menschen, die bereits den Typ Hund haben, der Ihnen vorschwebt. So können Sie sich vergewissern, ob der Vierbeiner auch der richtige ist. Einige gute Hundeschulen bieten auch Beratung vor dem Hundekauf an, um mit Ihnen gemeinsam einen passenden Hund zu finden.

Um das Alter des Hundes dreht sich dann meist die nächste Frage. Welpe oder erwachsener Hund? Viele angehende Hundehalter geben sich der Illusion hin, dass man bei einem Welpen alles richtig machen kann. Stimmt, die Möglichkeit besteht. Durch unsere Kunden im Hundetraining haben wir aber immer wieder gesehen, dass Hunde größere und kleinere Auffälligkeiten zeigen, egal ob sie von Anfang an da waren oder als

Secondhandhund dazugekommen sind. Wenn aber Welpe, dann sollte man seine Herkunft ganz genau unter die Lupe nehmen. Und damit meinen wir nicht nur die Ahnentafeln, sondern vielmehr die Gegebenheiten, unter denen der Welpe die ersten Lebenswochen verbracht hat. Denn sie sind ausschlaggebend für die weitere Entwicklung und die Gesundheit des Welpen. Der VDH stellt im Internet so genannte Checklisten zur Verfügung, wie man einen seriösen Züchter erkennt. Auf keinen Fall aber sollten Sie sich zu einem Spontankauf hinreißen lassen oder gar einen Hund aus Mitleid kaufen. Damit tun Sie keinem einen gefallen. Soll es ein erwachsenes Tier sein, sind Tierheime oder der Deutsche Tierschutzbund eine gute Anlaufstelle. Neben allen möglichen Informationen, die man hier erhält, besteht ein weiterer Vorteil darin, Verhaltenseinschätzungen der Hunde zu bekommen. Die Pfleger, die sich täglich um die Tiere kümmern, kennen ihre Vorzüge und Macken und können Auskunft darüber geben.
Wichtig sind vor allem auch die Umstände, in denen die zukünftigen Hundehalter leben. Sind alle mit der Anschaffung einverstanden? Wie wird die Aufgabenverteilung innerhalb der Familie sein? Wie viel Zeit kann für den Hund aufgebracht werden? Wer kümmert sich um ihn, wenn man es aufgrund von Krankheit oder Urlaub nicht selbst tun kann? Wie lange wird er allein sein, oder kann man ihn mit zur Arbeit nehmen? Welcher Tierarzt und welche Hundeschule sagen einem zu? Es geht also nicht in erster Linie um eine bestimmte Ausstattung, die man benötigt, sondern vielmehr um ein gemeinsames und möglichst harmonisches Zusammenleben.

Checkliste vor dem Hundekauf

- **Welcher Hund passt zu mir? Welche Bedürfnisse hat der Hund?**
  Informationen erhalten Sie beispielsweise über das Internet, aus Büchern, Beratung in Hundeschulen, Gespräche mit Hundehaltern und Züchtern, über den Deutschen Tierschutzbund oder den Verband für das Deutsche Hundewesen (VDH).

- **Welche Bedürfnisse haben die Menschen, die mit dem Hund zusammenleben? Soll er ein Sportkamerad sein oder eher zum Kuscheln?**
  Seien Sie ehrlich zu sich selbst, wenn Sie überlegen, welche Bedürfnisse Sie mit der Hundehaltung verbinden.

- **Sind alle Familienmitglieder mit dem vierpfotigen Zuwachs einverstanden?**
  Auch damit, dass der Hund mit im Haus lebt? Denn da gehört er als soziales Rudeltier auf jeden Fall hin.

- **Besteht vielleicht eine Tierhaarallergie, die vor der Anschaffung des Hundes überprüft werden sollte?**
  Alle Zweifel sollten deutlich angesprochen werden, ebenso wie eine klare Aufgabenverteilung innerhalb der Familie.

- **Habe ich genug Zeit für einen Hund?**
  Spaziergänge, tägliche Denksportaufgaben, der Besuch einer Hundeschule und die Fellpflege erfordern Zeit. Gerade in den ersten Wochen der Eingewöhnung ist die Hundehaltung sehr zeitintensiv und sollte nicht unterschätzt werden.

- **Wie lange wird mein Hund allein sein?**
  Mehr als fünf Stunden pro Tag sollten Sie Ihrem Hund nicht unbedingt zumuten. Klären Sie vorher ab, ob Sie Ihren Hund mit zum Arbeitsplatz nehmen können. Oder vielleicht gibt es Nachbarn oder Freunde, die in Ihrer Abwesenheit gern Ihren Hund hüten.

- **Ist die Versorgung bei Krankheit oder im Urlaub ohne Hund gewährleistet?**
  Wenn Sie Ihren Hund von einem Züchter haben, können Sie ihn manchmal in Ihrer Abwesenheit wieder bei ihm unterbringen. Oder falls sich keine Bekannten finden, lohnt sich die rechtzeitige Suche nach Tierpensionen oder Hundesittern.

- **Kann ich die Kosten aufbringen?**
  Nicht nur die Anschaffung und Grundausstattung kann teuer sein. Diese kann man immerhin noch kalkulieren. Schwieriger wird das zum Beispiel mit anfallenden Tierarztkosten. Wer möchte, hat die Möglichkeit, eine Krankenversicherung für Hunde abzuschließen. Zu den laufenden Kosten gehören aber auch Futter und Pflegeartikel, sowie Kosten für die Erziehung, Ausbildung oder Beschäftigung des Hundes.

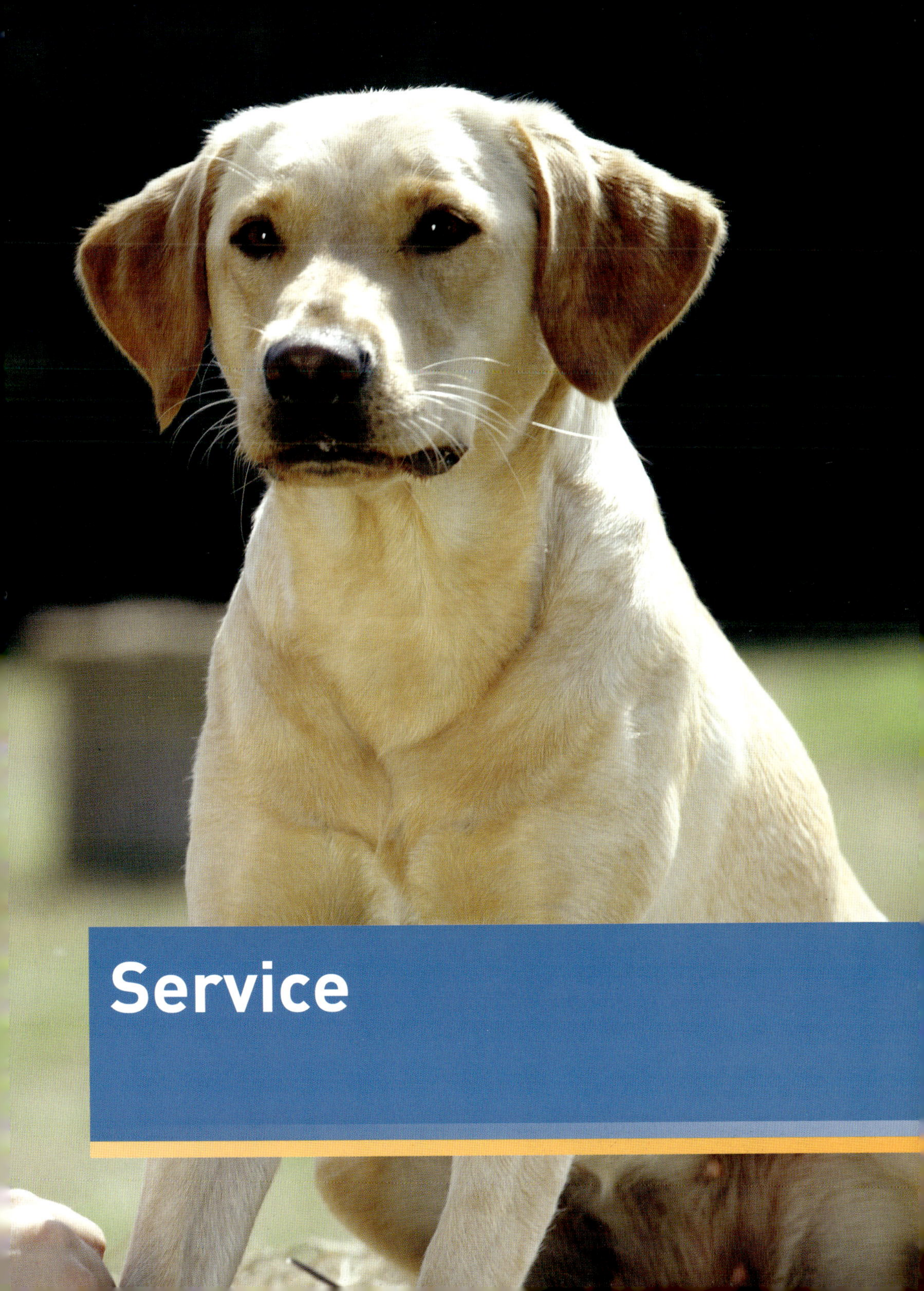

Service

Autoren

Martin Rütter wollte eigentlich Sportreporter werden, doch die Liebe zu Hunden und das Interesse an ihrer Lebensweise brachten ihn auf einen anderen Weg. So gründete er 1992 sein „Zentrum für Menschen mit Hund", in dem er nach neuesten wissenschaftlichen Kenntnissen aus der Verhaltensforschung seine Philosophie D.O.G.S. (Dog Orientated Guiding System) aufbaute und bis heute weiterentwickelt. Mittlerweile gibt es in ganz Deutschland und in der Schweiz Hundeschulen, die nach D.O.G.S. arbeiten und in denen vor allem der Mensch im Vordergrund steht und mit seinen Problemen ernst genommen wird. Über 300.000 Mensch-Hund-Gespanne haben bereits von diesem Angebot profitiert.
Doch ganz hat sich Martin Rütter nicht vom Entertainment verabschiedet, und es ist ein großes Erlebnis, ihn live auf seinen Tourneen zu erleben. Zudem setzt er sich in den Medien für eine bessere Mensch-Hund-Beziehung ein. In seiner TV-Sendung „Der Hundeprofi" hilft Deutschlands beliebtester Hundeexperte auch in schwierigen Fällen.

Jeanette Przygoda hat noch während ihres Studiums der Sozialen Verhaltenswissenschaften mit ihrer Tätigkeit im Zentrum für Menschen mit Hund in Erftstadt begonnen, und gehört somit seit 2003 zum Team von Martin Rütter. Seitdem ist sie für zahlreiche Hundehalter Ansprechpartnerin bei allen Anliegen rund um den Hundealltag. Im Sommer 2009 hat sie gemeinsam mit Martin Rütter die Produktion von der bereits 3. Staffel von „Der Hundeprofi" begonnen, und betreut neben der Redaktion selbstverständlich auch die Mitwirkenden dieser Staffel bei allen Fragen zum Hundetraining. Sie bildet zudem angehende D.O.G.S.-Coaches in Theorie und Praxis aus. Ihrem bereits erschienenen Buch „Angst bei Hunden" folgt nun dieses Begleitbuch.

Dank

Der erste Dank geht an Jeanette Przygoda. Vielen Dank, dass du bei den Dreharbeiten dabei warst und es mir somit für dieses Buch so leicht gemacht hast. Großer Dank an Hilke Heinemann. Muss ich mir Sorgen machen, dass du diesmal kaum gedrängelt hast? Danke an Melanie Grande für die gewohnt guten Fotos. Besonderer Dank geht an mein gesamtes Team der Mina TV, die mit den neuen Folgen der Serie „Der Hundeprofi" noch einmal echt einen Drauf gesetzt haben. Vielen Dank an Klaus Grittner, dem Erfinder der bewegten Bilder vom „ankommenden" Hundeprofi. Riesendank auch an VOX. Kai Sturm und Jan Biekehör, wer weiß was noch alles kommen wird. Der größte Dank geht an alle Menschen und Hunde, die mir auch bei dieser Staffel wieder vertraut haben. Bianca, Danke für alles, aber vor allem für die Hollywoodschaukelei. Ein schmunzelnder Dank geht an Marleen, Milia, Moritz und Marvin. Danke, dass ihr soooo lustig seid.

Nützliche Adressen

D.O.G.S.
Zentrum für Menschen mit Hund
mruetter@d-o-g-s.net
www.ruetters-dogs.de

VOX
Der Hundeprofi
www.vox.de/531_8671.php

Verband für das Deutsche
Hundewesen (VDH)
Westfalendamm 174
D – 44041 Dortmund
Tel.: 0231 56 50 00
Fax: 0231 59 24 40
Info@vdh.de
www.vdh.de

Österreichischer
Kynologenverband (ÖKV)
Siegfried-Marcus-Str. 7
A – 2362 Biedermannsdorf
Tel.: 043 (0) 22 36 710 667
Fax: 043 (0) 22 36 710 667 30
office@oekv.at
www.oekv.at

Schweizerische Kynologische
Gesellschaft (SKG)
Länggassstr. 8
CH – 3001 Bern
Tel.: 031 306 62 62
Fax: 031 306 62 60
skg@hundeweb.org
www.hundeweb.org

KOSMOS.

Wissen aus erster Hand.

Was sagt mir mein Hund?

Hier lernen Sie, auf die differenzierten Signale Ihres Hundes zu achten und sie zu verstehen – die beste Voraussetzung für eine gute Mensch-Hund-Beziehung.

Martin Rütter | Sprachkurs Hund
160 S., ca. 200 Abb., €/D 19,95
ISBN 978-3-440-11225-0

Martin Rütter | Sprachkurs Hund
DVD, €/D 19,95*
ISBN 978-3-440-11566-4

Hilfe vom Experten

In diesem Buch zeigt Martin Rütter, welche Ursachen hinter der Angst stehen, wie man die ersten Anzeichen erkennt und welche Möglichkeiten es gibt, seinem Hund wieder mehr Selbstvertrauen und damit mehr Lebensqualität zu geben.

Martin Rütter | Angst bei Hunden
160 S., 200 Abb., €/D 19,95
ISBN 978-3-440-10828-4

www.kosmos.de/hunde

Preisänderung vorbehalten, * unverbindl. Preisempf.

Martin Rütter.

Freude im Alltag mit Hund.

Martin Rütter | **Hundetraining mit Martin Rütter**
DVD, €/D 19,95*
ISBN 978-3-440-10891-8

Martin Rütter | **Hundetraining mit Martin Rütter**
160 S., 221 Abb., €/D 19,95
ISBN 978-3-440-10827-7

Partnerschaftlich und leise

Erfahren Sie mehr über die Grundlagen einer guten Beziehung, welche Signale Ihr Hund verstehen sollte und wie Sie mehr Abwechslung in Ihren gemeinsamen Alltag bringen können.

Die ideale Ergänzung zum Buch!

Jetzt gibt es das Hundetraining mit Martin Rütter auch für Ihr iPhone. Wiederholen Sie die wichtigsten Lektionen unterwegs Schritt für Schritt oder entdecken Sie tolle Spielideen.

Weitere Infos unter **www.kosmos.de/mobil**

Register

Martin Rütter's

Rütter's D.O.G.S.® Für Menschen mit Hund

Zentrum für Menschen mit Hund

Martin Rütter's D.O.G.S. ist eine innovative Trainingsphilosophie zur Ausbildung von Mensch & Hund. Das große Interesse von Ratsuchenden und Fachleuten aus ganz Deutschland sowie den Nachbarländern hat den Tierpsychologen dazu bewogen, seine Lehre an ausgewählte Partner weiterzugeben und so ein kompetentes Netzwerk aus qualifizierten D.O.G.S.-Coaches aufzubauen.

Unsere Standorte!

Eine Übersicht aller Standorte, an denen wir mit einem „Zentrum für Menschen mit Hund" für Sie da sind, erhalten Sie unter: **www.ruetters-dogs.de**

Wir suchen Verstärkung!

Wenn Sie überzeugt sind, dass Sie gerne mit Menschen und ihren Hunden nach D.O.G.S. arbeiten möchten, und Sie Lust haben, langfristig zu lernen, freuen wir uns auf Ihre Bewerbung. Bitte senden Sie uns zum Kennenlernen Ihren aussagekräftigen Lebenslauf, vollständige Personalien und ein aktuelles Lichtbild an:

M.I.N.A. Trading GmbH · Martin Rütter · Stichwort „Bewerbung"
Pützchens Chaussee 56 · 53227 Bonn · E-Mail: bewerbung@mina-trading.de

www.ruetters-dogs.de

D.O.G.S. – Individuell. Partnerschaftlich. Leise.

D.O.G.S. – Individuell. Partnerschaftlich. Leise.

Bildnachweis

171 Farbfotos wurden von Melanie Grande/Kosmos für dieses Buch aufgenommen.

Impressum

Umschlaggestaltung von eStudio Calamar unter Verwendung von zwei Farbfotos von Melanie Grande.

Mit 173 Farbfotos.

Alle Angaben in diesem Buch erfolgen nach bestem Wissen und Gewissen. Sorgfalt bei der Umsetzung ist indes dennoch geboten. Der Verlag und die Autoren übernehmen keinerlei Haftung für Personen-, Sach- oder Vermögensschäden, die aus der Anwendung der vorgestellten Materialien und Methoden entstehen könnten.

Unser gesamtes lieferbares Programm und viele weitere Informationen zu unseren Büchern, Spielen, Experimentierkästen, DVDs, Autoren und Aktivitäten finden Sie unter **www.kosmos.de**

© 2010, Franckh-Kosmos Verlags-GmbH & Co. KG, Stuttgart.
© 2010, „VOX“ und „Der Hundeprofi“ mit freundlicher Genehmigung der VOX Television GmbH
Alle Rechte vorbehalten
ISBN 978-3-440-12265-5
Redaktion: Hilke Heinemann
Gestaltungskonzept: eStudio Calamar
Gestaltung und Satz: Atelier Krohmer, Dettingen/Erms
Produktion: Eva Schmidt
Printed in Germany / Imprimé en Allemagne

FSC
Mix
Produktgruppe aus vorbildlich bewirtschafteten Wäldern, kontrollierten Herkünften und Recyclingholz oder -fasern
Product group from well-managed forests, controlled sources and recycled wood or fibre
Zert.-Nr. SGS-COC-004238
www.fsc.org
© 1996 Forest Stewardship Council